결국 옳았던 그들의
황당한 주장

이경민 지음

닥터.지킬

과학사를 바꾼 위대한 이단아들의 이야기

 역사는 승자의 기록이라고 하지만 과학의 역사는 패배자, 혹은 이단아의 기록이기도 하다. 오늘날 우리가 상식으로 받아들이는 거의 모든 과학적 진실은 한때 당대의 엘리트와 권위에 의해 황당한 주장으로 치부되거나, 심지어 미친 짓으로 조롱받았다.

 지구가 우주의 중심이 아니라는 주장은 신성에 대한 모독으로 여겨졌고, 눈에 보이지 않는 작은 벌레가 질병을 일으킨다는 주장은 터무니없는 망상으로 여겨졌다. 대륙이 이동한다는 주장은 술 취한 자의 잠꼬대쯤으로 취급받았다.

이러한 주장을 했던 이단아들은 동료 과학자들에게 비웃음을 샀고, 사회로부터 외면당했으며, 심지어는 목숨까지 잃어야 했다. 그들이 직면했던 당대의 통념은 너무 강력했고, 그들의 논리는 지나치게 선구적이어서 당대에는 아무도 이해할 수 없었다.

그러나 시간은 결국 그들의 편이었다. 수십 년, 혹은 수백 년이 흐른 뒤 그들의 **황당한 주장**은 새로운 과학 기술과 지식에 의해 **옳았던 것**으로 입증되었다. 그 순간 인류의 삶과 지식의 패러다임은 완전히 바뀌었다.

1847년 오스트리아 빈 종합병원, 헝가리 출신의 의사 **이그나츠 제멜바이스**는 이곳에서 벌어지는 죽음의 미스터리를 추적하고 있었다.

출산을 위해 입원한 산모들이 갑작스러운 고열과 패혈증에 시달리다가 매일같이 목숨을 잃었다. 사망률은 무려 20%에 육박했다. 새 생명을 낳기 위해 병원을 찾은 산모 열 명 가운데 두 명이 집으로 돌아가지 못하고 병원에서 숨을 거두었던 것이다. 의사들은 그 이유를 설명하지 못했다. 당시 의학으로는 산모들의 죽음을 설명할 방법이 없었기 때문이다.

제멜바이스는 여러 가능성을 염두에 두고 죽음의 원인을

추적했지만 그 역시 해답을 찾지 못했다. 그러던 어느 날 그의 동료 의사가 부검 도중 해부용 칼에 손을 베이는 사고가 일어났다. 며칠 뒤 그는 산모들과 똑같은 증상을 보이며 생을 마감했다. 이를 본 제멜바이스는 산모들의 사망 원인이 **의사의 손** 때문이라고 확신했다.

당시 의사들은 해부실에서 부검을 하거나 시체 해부 실습을 마친 뒤, 손을 씻지 않은 채 산모를 진료했다. 제멜바이스는 시체를 만진 의사의 손에 묻은, 눈에 보이지 않는 부패 물질이 산모의 몸속으로 옮겨져 병을 일으킨다고 생각했다. 오늘날의 시각에서 보면 상식에 불과한 것이지만, 당시에는 세균에 대한 개념이 존재하지 않았기 때문에 그의 발상은 획기적인 것이었다.

제멜바이스는 의사들에게 "시체를 만진 뒤에는 반드시 손을 깨끗이 씻고 산모를 진료하라"고 지시했다. 그 결과 산모의 사망률이 크게 감소했다. 그러나 변화는 오래가지 못했다. 의사들의 거센 반발이 뒤따랐기 때문이다.

의사들은 생명을 살리는 자신의 손이 산모에게 더러운 병을 옮긴다는 사실을 받아들이지 못했다. 이는 단순한 의학적 논쟁이 아니라 의사의 권위와 자존심을 건드리는 모욕으로 여겨졌다. 결국 제멜바이스는 병원에서 쫓겨났고 이후 정신

병원에서 비극적인 최후를 맞이했다.

오늘날 우리는 제멜바이스가 옳았다는 사실을 잘 알고 있다. 그가 주장했던 손 씻기는 현대 감염학과 위생학의 기본 수칙이며, 지금 이 순간에도 전 세계 병원에서 수많은 환자의 생명을 구하고 있다.

『결국 옳았던 그들의 황당한 주장』은 제멜바이스가 겪었던 것과 똑같은 조롱과 외면을 당했지만, 결국 세상을 바꾸어 놓은 **과학사의 이단아 아홉 명**에 관한 이야기이다.

차례

과학사를 바꾼 위대한 이단아들의 이야기 3

1부 인간은 원숭이의 후손이라는 황당한 주장
1장 혈액 순환을 수학으로 증명하다 11

2장 신의 권위에 돌을 던지다 23

3장 완두콩에서 생명 원리를 발견하다 37

2부 의사의 손이 병을 옮긴다는 황당한 주장
4장 병든 소의 고름을 인간에게 접종하다 53

5장 손 씻기로 감염병을 퇴치하다 62

6장 스스로 세균 배양액을 들이마시다 74

3부 지구가 태양 주위를 돈다는 황당한 주장
7장 그래도 지구는 돈다 89

8장 대륙은 한자리에 머물지 않는다 105

9장 빛은 물결처럼 움직인다 116

4부 결국 옳았던 그들의 생애 125

결국 옳았던 그들의 황당한 주장

1부 인간은 원숭이의 후손이라는 황당한 주장

1장 혈액 순환을 수학으로 증명하다

17세기 유럽 의사들의 머릿속을 지배했던 통념은 고대 로마 시대의 대의학자 **클라우디우스 갈레노스**의 교리였다. 그의 이론은 단순하고 직관적이며, 무엇보다 절대적 권위를 지니고 있었다.

갈레노스는 인체의 혈액이 **간**에서 생성되어 온몸으로 퍼져 나가며, 각 기관과 조직에 영양을 공급한 뒤 소모된다고 보았다. 즉, 혈액이 인체를 순환한다고 본 것이 아니라 생성과 소모를 끊임없이 되풀이한다고 본 것이다.

이른바 갈레노스의 **혈액 생성 및 소모 이론**은 1,500년 가까이 서양 의학을 지배한 철옹성이었다. 그의 이론이 이토록 오랜 세월 동안 서양 의학의 정설로 군림할 수 있었던 데에는 다음과 같은 사회·철학적 배경이 있었다.

첫째, 중세 유럽에서 인체 해부는 종교적 금기였다. 따라서 갈레노스의 오류를 밝힐 수 있는 길이 원천적으로 막혀 있었다. 의사들은 실제로 인간의 몸을 열어 관찰하기보다는, 갈레노스가 남긴 동물 해부 기록과 방대한 저술 자료를 성경처럼 신봉하고 따를 수밖에 없었다.

둘째, 갈레노스가 정립한 의학 체계는 '인체가 우주의 질서와 조화를 반영한 자연의 산물'이라는 자연철학적 세계관에 뿌리를 두고 있었다. 중세에 들어 그의 사상은 기독교 신학과 결합하면서 '인체는 우주의 축소판이며 신이 설계한 질서 속에서 조화를 이룬다'는 관념으로 발전했다. 따라서 갈레노스의 이론을 부정하는 것은 과학적 비판을 넘어 신학과 철학에 대한 도전으로 여겨졌다.

갈레노스에 따르면 인간이 섭취한 음식물은 소화 과정을 거쳐 간으로 이동하며, 그곳에서 생명과 영양의 근원이 되는 혈액으로 변한다. 이렇게 간에서 생성된 혈액은 정맥을 타고 온몸으로 퍼져 각 기관과 조직으로 흘러가며, 그곳에 영양을 공급한 뒤 소모되어 사라진다.

한편, 혈액 중 일부는 심장의 우심실로 흘러간다. 그곳에서 혈액은 심실중격(우심실과 좌심실을 구분하는 벽)에 뚫린 미세한 구멍을 통과해 좌심실로 이동한다. 좌심실에서 혈액은 폐로부터 유입된 프네우마pneuma(생명의 기운)와 섞여 생명혼을 형성한다. 이 혈액은 다시 동맥을 타고 온몸으로 퍼져 각 기관에 생명혼을 불어넣은 뒤 소모되어 사라진다.

갈레노스 이론의 구조적 취약점 가운데 하나는 **심실중격의 미세한 구멍**에 대한 믿음이었다. 갈레노스는 심장의 혈액이 폐를 거치지 않고 우심실에서 좌심실로 직접 이동한다고 보았는데, 이를 설명하기 위해 심실중격 어딘가에 눈에 보이지 않는 작은 구멍이 존재한다고 보았다. 이는 해부학적 근거가 전혀 없는 가설에 불과했지만, 현미경이 존재하지 않던 시대에 갈레노스의 권위는 의심받지 않았다.

사실 심실중격의 구멍에 대한 의구심은 몇몇 선구자들에 의해 이미 제기된 바 있었다. 13세기 아랍의 의학자 **이븐 알 나피스**는 인체를 해부하여 관찰한 결과 "심실중격은 단단하고 치밀하여 그 안에는 혈액이 통과할 수 있는 구멍이 존재하지 않는다"고 주장했다. 그는 혈액이 우심실에서 좌심실로 이동하기 위해서는 반드시 폐를 거쳐야 한다고 보았다.

그로부터 약 300년 뒤 스페인의 신학자이자 의사 **미카엘**

세르베투스는 알나피스와 유사한 폐순환 개념을 제시했다. 그는 "혈액이 폐에서 정화된 뒤 심장으로 되돌아온다"고 주장했다. 그러나 이들의 주장은 종교적 금기와 기존 의학 체계의 권위 아래에서 주목받지 못한 채 오랫동안 역사 속에 묻혀 있었다.

1628년 영국의 의사 **윌리엄 하비**는 『동물의 심장과 혈액의 운동에 관한 해부학적 연구Exercitatio Anatomica de Motu Cordis et Sanguinis in Animalibus』를 출간하며, 갈레노스의 교리에 반기를 들었다. 그는 "혈액은 간에서 생성되어 각 기관과 조직으로 흘러가 소모되는 것이 아니라 심장의 펌프 작용에 의해 온몸을 끊임없이 순환한다"고 주장했다.

당대의 의사들은 하비의 주장을 받아들이려 하지 않았고, 그를 어리석은 순환론자라며 조롱하기까지 했다. 그들에게 하비의 주장이 황당하게 들린 이유는 크게 두 가지였다.

첫째, 그들은 갈레노스의 이론에 따라 혈액이 끊임없이 새로 생성되고 소모된다고 믿었다. 그런데 하비는 인간의 심장이 1시간 동안 내보내는 혈액량이 인체 총혈액량의 수십 배에 달한다고 주장했다. 이 막대한 양의 혈액이 매번 새로 만들어지고 사라진다는 것은, 그들의 상식으로 보면 불가능한 일이었다.

둘째, 갈레노스 의학 체계에서는 간이 생명의 원천이자 인체의 중심 기관이었다. 그런데 하비는 간을 밀어내고 그 자리에 심장을 올려놓았다. 이는 1,500년 동안 굳건히 유지되어 온 그들의 의학적 신념을 뒤흔드는 행위였다.

당대의 의사들은 심장이 인체의 열을 식히는 냉각 장치 역할을 한다고 생각했다. 심장의 팽창은 혈액을 끌어당겨 열을 식히는 과정으로 보았고, 수축은 단순한 수동적 움직임으로 보았다.

하비는 살아 있는 동물, 특히 어류와 파충류 등 심장 박동이 느려 관찰이 용이한 냉혈 동물을 해부해 심장의 실제 움직임을 관찰했다. 그 결과 심장의 수축은 혈액을 동맥으로 강하게 밀어내는 펌프 작용을 한다는 사실을 확인했다. 반면, 팽창은 혈액을 받아들이는 수동적 움직임이었다.

심장이 수축하며 펌프처럼 혈액을 밀어낸다는 이 새로운 정의가, 하비가 주장한 **혈액 순환론**의 출발점이었다.

하비는 심장이 한 번 박동할 때 내보내는 혈액량을 측정하기 위해 실험과 계산을 반복했다. 그는 해부학 교재와 동물 해부 실험을 바탕으로, 인간의 심장이 한 번 수축할 때

약 57mL의 혈액을 내보낸다고 보았다. 성인의 심장은 분당 70회 정도 박동하므로 심장이 1분 동안 내보내는 혈액량은 약 4L라는 계산이 나온다. 따라서 심장은 1시간 동안 240L에 달하는 혈액을 내보내며, 이는 인체 총혈액량의 40배가 넘는 양이다.

하비는 이처럼 엄청난 양의 혈액이 매번 새로 생성되고 소모되는 것은 생리학적으로 불가능하다는 결론에 이르렀다. 심장에서 나간 혈액이 온몸을 돌아, 다시 심장으로 되돌아오는 순환 구조가 아니라면 이 숫자를 설명할 방법이 없었다.

하비의 혈액 순환론을 뒷받침하는 또 다른 단서는 정맥의 구조에서 발견되었다. 해부학자이자 하비의 스승인 **히에로니무스 파브리치우스**가 정맥의 내벽에서 **판막**을 발견했는데, 그는 이것을 혈액이 원활히 흘러가도록 돕는 구조물로 보았다. 갈레노스의 이론에 기반한 해석이었다.

그러나 하비의 생각은 달랐다. 갈레노스의 주장처럼 혈액이 정맥을 타고 각 기관과 조직으로 흘러가 소모된다면, 판막은 오히려 혈액의 흐름을 방해할 뿐 존재할 이유가 없었다. 흐르는 강줄기 한가운데 둑을 세워 놓은 것과 다를 바 없었기 때문이다.

하비는 정맥의 판막이 혈액을 오직 심장 방향으로만 흐르게 하고, 반대 방향으로 흐르는 것을 막아주는 역류 방지 밸브 역할을 한다고 보았다. 이를 확인하기 위해 그는 간단하지만 설득력 있는 인체 실험을 고안했다.

하비는 자신을 포함해 여러 사람의 팔뚝을 끈으로 묶어 정맥이 부풀어 오르게 한 뒤, 혈관을 손가락으로 눌러 혈액을 심장 방향으로 밀어내는 실험을 해 보았다. 갈레노스의 관점에서는, 혈액이 인체의 중심부인 간과 심장에서 사지 곳곳으로 퍼져 나가므로 밀어낸 혈액은 곧 역류해 혈관을 다시 채워야 했다. 그러나 실제로는 혈액이 판막에 막혀 심장 방향으로만 흘렀고 혈관은 다시 채워지지 않았다.

혈액이 심장을 향해 한 방향으로만 흐른다는 사실은, 혈액이 소모되어 사라지는 것이 아니라 심장으로 되돌아와 재사용되고 있음을 시사했다. 결국 하비는 혈액이 심장에서 동맥을 타고 온몸으로 흘러간 뒤, 다시 정맥을 통해 심장으로 되돌아온다고 결론지었다.

하비는 해부학적 관찰과 수학적 논리를 통해 혈액 순환의 필연성을 증명했지만, 끝내 풀지 못한 퍼즐 조각이 하나 남아 있었다. 혈액이 심장에서 동맥을 타고 흘러갔다가 다시 정맥을 타고 심장으로 되돌아온다면, 동맥과 정맥은 어딘가에서 연결되어 있어야 했다. 그러나 하비는 동맥의 끝과 정맥의 시작이 인체의 어디에서, 어떻게 이어지는지 확인할 수 없었다.

이는 반대론자들이 하비의 혈액 순환론을 공격하는 가장 강력한 논거였다. 그들은 "동맥과 정맥이 실제로 이어져 있지 않다면, 어떻게 혈액이 순환을 이룰 수 있단 말인가?"라고 반문했다. 하비는 결국 생을 마감할 때까지 이 문제를 해결하지 못했다.

하비가 세상을 떠난 지 4년 뒤인 1661년, 이탈리아의 의학자 **마르첼로 말피기**가 하비의 마지막 퍼즐을 완성했다. 그는 당시 유럽에서 막 보급되기 시작한 새로운 광학 도구, 현미경을 사용했다. 당시 현미경은 성능이 형편없었기 때문에 정밀한 관찰이 거의 불가능했다. 대부분의 과학자들은 현미경을 신기한 장난감 정도로 여겼다. 이러한 기술적 한계에도 불구하고 말피기는 생물의 조직을 얇게 절단해 미시 세계를 관찰하려는 시도를 멈추지 않았다.

말피기는 개구리의 폐와 방광 같은 얇은 조직을 현미경으로 관찰했다. 배율을 높여 깊이 들여다보자 놀라운 광경이 눈앞에 펼쳐졌다. 동맥의 끝과 정맥의 시작이 맞닿은 지점에서, 머리카락보다도 훨씬 가는 실타래 같은 미세한 혈관들이

촘촘히 얽혀 있었다. 그는 이 미세한 혈관이 마치 머리카락 capillus 같다고 하여 모세혈관capillary이라는 이름을 붙였다.

모세혈관의 발견은 하비의 혈액 순환론을 완성시킨 마침표와 다름없었다. 그 이유는 다음과 같다.

첫째, 모세혈관은 동맥에서 나온 혈액이 정맥으로 되돌아가는 물리적 통로를 제공함으로써, 갈레노스 추종자들이 제기했던 혈관의 불연속성이라는 공격 지점을 무너뜨렸다.

둘째, 모세혈관의 그물망은 폐순환의 생리적 역할까지 설명했다. 말피기는 심장에서 나온 검붉은 정맥혈이 폐의 모세혈관을 통과하는 순간, 선홍색 동맥혈로 바뀌는 현상을 발견했다. 이러한 색깔 변화는, 혈액이 폐에서 공기 중의 어떤 알 수 없는 성분(산소)을 흡수하고 노폐물을 배출한다는 사실을 시사했다.

모세혈관은 혈액에 영양분을 공급하고 노폐물을 회수하는 생명의 교환 장치이자, 폐순환과 체순환을 이어주는 연결 고리였던 것이다. 하비가 주장한 혈액 순환론의 수학적 필연성은 말피기의 현미경 관찰을 통해 비로소 해부학적 사실로 완성되었다. 이로써 동맥과 정맥이 모세혈관으로 연결되어 하나의 **폐쇄된 순환 시스템**을 이루고 있음이 입증되었다.

하비와 말피기에 의해 심장과 혈관을 잇는 순환 시스템이 완성되자 인체를 바라보는 시각이 근본적으로 바뀌었다. 이제 혈액은 더 이상 신비로운 생명혼을 담은 소모품이 아니었고, 심장은 단지 열을 식히는 부속 기관이 아니었다. 인체는 정교하게 설계된 유체 역학적 기계처럼 인식되기 시작했다.

혈액이 폐쇄된 시스템 안에서 순환한다는 사실이 밝혀지자 혈액이 부족하거나 오염된 환자에게 새로운 피를 주입하려는, 오늘날의 수혈 시도가 시작되었다.

1667년 프랑스의 의사 **장바티스트 드니**는 양의 피를 젊은 환자에게 주입하는 대담한 실험을 감행했다. 처음에는 환자의 증상이 호전되는 듯했지만, 곧 다른 환자들에게 시도한 실험에서 격렬한 발열과 경련, 심지어 사망 사례가 잇따랐다. 결국 수혈 금지령이 내려졌고 하비의 혈액 순환론까지 의심받게 되었다.

드니의 실패는 하비가 틀렸기 때문이 아니었다. 하비의 혈액 순환론은 혈액이 어떻게 흐르는가를 설명했을 뿐 혈액의 질적 차이, 즉 혈액형에 대해서는 아무것도 밝히지 못했다. 이 문제는 250년이 지난 20세기 초, 오스트리아의 병리학자 **카를 란트슈타이너**가 ABO 혈액형 시스템을 발견하고 혈액 응집 현상의 원리를 규명함으로써 해결되었다. 하비의 혈액 순환론은 수혈이라는 혁명적 의료 기술의 토대가 되었지만, 그 완성을 위해서는 혈액의 성질에 대한 미시적 이해가 필요했던 것이다.

혈액 순환론은 의료 행위뿐만 아니라 의학 연구 전반의 패러다임을 바꿨다. 이전까지는 약물이 위에서 흡수되어 간에서 작용하거나 특정 장기에만 영향을 미친다고 여겨졌다. 예컨대 독을 먹으면 독이 위를 직접 파괴한다는 식이었다. 혈액 순환론이 입증되자 약물이나 독극물은 혈류를 타고 전신으로 퍼진다는 사실이 분명해졌다.

이는 약물이 인체 내에서 흡수·분포·대사·배설되는 과정을 연구하는 **약리학**의 탄생으로 이어졌다. 이로써 의사들은 약물이 몸 전체를 순환하는 시간을 계산하고, 그에 맞춰 정확한 용량과 투여 간격을 조절함으로써 치료 효과를 극대화할 수 있게 되었다. 독극물이 어떻게 심장을 멈추게 하거나 신경계를 마비시키는지 연구하는 **독성학** 역시 혈액 순환론을 기반으로 발전했다.

하비의 영향은 의학계를 넘어 철학의 영역으로까지 확장되었다. 그는 심장을 펌프에 비유하는 등 인체의 생명 현상을 기계적 원리로 설명했다. 이는 프랑스의 철학자 **르네 데카르트**에게 깊은 영감을 주었다. 그는 하비의 이론을 바탕으로 인체를 신이 만든 정교한 기계에 비유하며, 심장의 박동을 용수철의 운동처럼, 그리고 혈액의 흐름을 배관 속을 흐르는 유체의 운동처럼 이해할 수 있다고 보았다.

이렇게 해서 확립된 기계론적 세계관은 이후 생명 연구의 토대가 되었다. 과학자들은 더 이상 신의 의지나 영적인 힘에 의존하지 않고, 인체를 구성 요소별로 분해하고 분석 가능한 물질적 시스템으로 바라보기 시작했다.

2장 신의 권위에 돌을 던지다

19세기 중반까지 서구 사회에서 생명의 기원에 대한 이해는 **종의 불변성**이라는 교리에 기반하고 있었다. 그 핵심은 간단했다. 모든 생명체는 창조주에 의해 설계된 완전한 형태로 처음부터 존재했으며, 그 형태는 영원히 변하지 않는다는 것이다.

이러한 믿음은 약 2천 년 동안 서구 지성계를 지배해 온 아리스토텔레스의 **자연사슬** 개념과 기독교의 **창조론**이 결합해 형성된 것이었다. 그에 따르면 인간은 완전한 존재로서 자연사슬의 최상단에 자리하며, 그 아래로 포유류, 조류, 식물 등이 계층적으로 자리하고 있었다. 이와 같은 자연의 질서는 조화롭고 당연한 것으로 여겨졌으며, 변화는 곧 불완전함과 혼돈을 의미했다.

종의 불변성 교리는 생물학적 신념을 넘어 사회·정치적 이념의 근간을 이루었다. 신이 창조한 완벽한 질서 아래에서 인간 사회의 계급 구조와 군주의 권위, 심지어 노예 제도의 정당성까지도 자연의 섭리로 설명되었다. 따라서 이 교리에 대한 도전은 단순한 과학적 논쟁이 아니라 사회 체제를 뒤흔드는 이단적 행위로 여겨졌다.

이러한 시대적 배경 속에서 **찰스 다윈**이 등장했다. 그는 신성하고 완벽한 창조의 질서에 감히 돌을 던져 파문을 일으켰다. 1859년 다윈은 『종의 기원On the Origin of Species』에서 "종은 고정되어 불변하는 것이 아니라 **자연선택**을 통해 끊임없이 변화하고 분화한다"고 주장했다. 나아가 "모든 생물은 상상할 수 없을 만큼 오랜 세월에 걸쳐 하나, 혹은 소수의 공통 조상으로부터 진화했다"는, 당시로서는 충격적인 결론을 제시했다.

다윈의 주장은 당대의 세계관과 사회 질서, 그리고 인간의 존재 가치를 뒤흔들기에 충분했다. 특히 인간이 신에 의해 완전한 형태로 창조된 존재가 아니라 다른 동물들과 마찬가지로 자연선택을 거쳐 진화한 생물이라는 주장은, 당대의 사회가 받아들이기 어려운 급진적 발상이었다.

사실 다윈이 『종의 기원』에서 인간의 진화를 직접 다루지는 않았다. 다만 책 말미에 이렇게 기록했을 뿐이다.

"인간의 기원과 그 역사에 빛이 비칠 것이다Light will be thrown on the origin of man and his history"

이는 진화의 원리가 언젠가 인간의 기원을 설명하는 데에도 적용될 것임을 암시한 문장이었다.

당시 사람들은 이 마지막 구절에서 인간과 가장 유사한 동물인 원숭이를 떠올렸고, 곧 인간이 원숭이의 후손이라는 뜻으로 받아들였다. 이러한 해석은 큰 논란을 불러일으켰으며, 언론은 다윈의 얼굴과 원숭이의 몸을 결합한 풍자만화를 그려 그를 조롱했다.

1860년 6월 영국 옥스퍼드 대학교에서 다윈의 진화론을 둘러싼 공개 논쟁이 벌어졌다. 생물학자 **토머스 헉슬리**와 옥스퍼드 주교 **새뮤얼 윌버포스**가 맞붙은 이 토론에서, 윌버포스는 다윈의 이론을 옹호하는 헉슬리를 조롱하며 이렇게 물었다.

"당신의 조상이 원숭이라면 할아버지 쪽이 원숭이인가,

아니면 할머니 쪽인가?"

이에 헉슬리는 다음과 같이 응수했다.

"나는 진리를 왜곡하는 재능 있는 사람의 후손이 되기보다는 차라리 원숭이의 후손이 되겠다."

이 옥스퍼드 논쟁은 진화론을 둘러싼 과학과 종교의 대립을 상징하는 역사적 장면으로 남았다.

다윈의 **원숭이 논란**은 그로부터 12년 뒤인 1871년, 그가 『인간의 유래와 성 선택The Descent of Man, and Selection in Relation to Sex』을 출간하자 절정으로 치달았다. 이 책에서 그는 "인간이 유인원들apes과 공통 조상으로부터 유래했다"고 직접 언급했다.

다윈이 『종의 기원』을 세상에 내놓기까지는 20년이 넘는 세월이 걸렸다. 그는 자신의 이론이 가져올 사회적 파장을 누구보다 잘 알고 있었기 때문에 방대한 증거가 쌓이기 전까지는 침묵을 선택했다.

진화론을 향한 다윈의 여정은 1831년, 영국 해군 소속의 탐사선 **비글호**에 승선하면서 시작되었다. 5년에 걸친 항해 중 그에게 가장 큰 깨달음을 준 곳은 에콰도르 서쪽의 외딴섬 갈라파고스 군도였다.

다윈은 이곳에서 **핀치새**(참새목에 속하는 여러 종류의 작은 새)들을 관찰했다. 언뜻 보기엔 모두 똑같은 생김새를 가졌지만, 섬마다 핀치새의 부리 모양이 미묘하게 달랐다. 어떤 섬의 새는 단단한 씨앗을 깰 수 있는 두꺼운 부리를 가졌고, 어떤 섬의 새는 얇은 가지 사이에서 벌레를 잡기에 용이한 가느다란 부리를 가지고 있었다.

이러한 차이는 창조론으로는 설명할 수 없는 현상이었다. 모든 종이 신에 의해 완전한 형태로 창조되었다면, **변이**(같은 종 안에서 개체마다 나타나는 형질의 차이)가 생길 수 없기 때문이다. 다윈은 핀치새들이 본래 하나의 공통 조상으로부터 출발했지만 '각 섬의 환경과 먹이 조건에 따라 생존에 유리한 부리 모양을 가진 개체만 살아남아 번식함으로써, 점차 다른 종으로 분화했다'는 가설을 세웠다. 이것이 바로 다윈이 훗날 정립한 자연선택 이론의 핵심 단서였다.

다윈의 진화론적 사상은 영국의 지질학자 **찰스 라이엘**과 경제학자 **토머스 맬서스**의 사상에서 큰 영향을 받았다.

당시 지질학의 주류 이론은 **격변설**이었다. 이는 '대홍수, 대지진, 화산 대폭발 등 거대하고 급격한 사건들에 의해 지구의 지질 구조가 여러 차례 변화했다'고 보는 이론이다. 그 대표적 주창자는 프랑스의 해부학자이자 지질학자 **조르주 퀴**

비에였다.

큐비에는 지층마다 서로 다른 종류의 생물 화석이 나타나는 현상을 발견했는데, 이를 "지구 역사에서 여러 차례 대규모 격변이 일어나 기존 생물들이 멸종하고, 그 뒤 새로운 생물들이 등장한 결과"라고 주장했다. 그의 사상은 성경의 대홍수설(노아의 홍수)과도 상통했기 때문에 당시 유럽 사회에서 큰 영향력을 발휘했다.

반면, 찰스 라이엘은 『지질학 원리Principles of Geology』에서 격변설을 부정하며 "현재 작용하는 자연의 힘이 과거에도 동일한 방식과 강도로 작용해 왔다(동일과정설)"고 주장했다. 그는 침식, 퇴적, 화산 활동 등 지금도 관찰되는 "느리고 지속적인 자연의 힘이 수백만 년에 걸쳐 지구의 지질 구조를 형성해 왔다"고 설명했다. 즉, 지구의 역사는 한순간의 재앙 때문이 아니라 끝없는 시간 속에서 누적된 점진적 변화의 결과라는 것이다.

다윈은 라이엘의 『지질학 원리』에서 영감을 얻어, 지질 구조에 작용하는 느리고 점진적인 변화의 원리를 생물의 세계에도 적용할 수 있다고 보았다. 즉, 지질학적 변화가 수백만 년에 걸쳐 일어난다면 '생물 역시 미세한 변이가 오랜 세월 동안 축적되어 전혀 다른 종으로 변할 수 있다'고 본 것이다.

라이엘이 다윈에게 점진적 변화의 영감을 주었다면, 그에게 자연선택의 통찰을 준 인물은 토머스 맬서스였다. 맬서스는 『인구론An Essay on the Principle of Population』에서 "인구는 억제되지 않으면 기하급수적으로 증가하지만 식량은 산술급수적으로만 증가한다"고 주장했다. 그 결과 "식량이 부족해질 수밖에 없으며 사람들은 한정된 자원을 두고 경쟁할 수밖에 없다"고 설명했다. 이러한 생존경쟁이 결국 인구를 억제하는 압력으로 작용한다는 것이다.

다윈은 자연계에서도 인간 사회와 다르지 않은 원리가 작용한다고 보았다. 모든 생물은 종을 유지하는 데 필요한 수보다 훨씬 더 많은 자손을 낳지만, 자연의 자원은 제한되어 있기 때문에 그 모두가 살아남을 수는 없다. 다윈은 냉혹한 생존경쟁 속에서 종의 생존에 결정적인 역할을 하는 것이 바로 **변이**라고 생각했다.

예컨대 어떤 개체는 목이 조금 더 길고, 또 어떤 개체는 움직임이 더 민첩하다. 이러한 개체들은 생존경쟁에서 더 잘 살아남고 번식할 가능성이 높다. 그 결과 살아남은 개체만이 자신의 특성을 다음 세대로 물려줄 수 있다. 이것이 바로 다윈이 생각한 자연선택의 원리였다. 즉, 종의 변화는 누군가의 의도나 설계의 결과가 아니라 무작위적 변이와 자연선택이

빚어낸 결과라는 것이다.

다윈은 1844년 이미 진화론 초고를 완성하고도 15년 이상 출간을 미뤘다. 증거가 부족해서가 아니었다. 그는 자신의 이론이 불러올 사회적 파장과 개인적 고립을 두려워했다. 특히 독실한 신앙을 지녔던 아내 **엠마**와의 관계가 가장 큰 부담이었다.

엠마는 다윈의 이론이 신의 섭리를 부정하는 것으로 비칠까 봐 두려워했고, 사후에 다윈과 영원히 이별하게 될지도 모른다고 염려했다. 다윈은 이러한 윤리적·종교적 갈등 속에서 수많은 편지와 일기를 통해 고뇌를 토로하며, 진화론을 발표함으로써 사랑하는 이들에게 고통을 줄까 봐 주저했다.

그러던 1858년, 말레이 군도에서 연구하던 자연학자 **알프레드 러셀 월리스**로부터 한 통의 편지가 도착했다. 월리스는 야생 생물의 삶이 끝없는 경쟁의 연속이라는 점에 주목하면서, 생존경쟁이 모든 종의 개체 수를 제한한다고 생각했다. 그는 이러한 생존경쟁의 원리가 인간 사회에 대해 맬서스가 지적한 것과 동일하다는 결론에 이르렀고, 이를 정리한 논문을 다윈에게 보냈다.

월리스의 편지는 다윈에게 충격으로 다가왔다. 진화론 발표를 더 머뭇거린다면 평생을 바친 연구의 영예가 월리스에게 돌아갈지도 모르는 상황이었다. 결국 다윈은 동료 과학자들의 조언에 따라 월리스의 논문과 자신의 진화론 초고를 함께 엮어 런던 **린네학회**에서 공동으로 발표했다. 그리고 이듬해인 1859년, 다윈은 마침내 방대한 증거와 치밀한 논리로 구성된 대작 『종의 기원』을 출간하며 인류 지성사에 영원히 지울 수 없는 획을 그었다.

다윈의 진화론은 당시로서는 완벽에 가까운 논리 구조를 지녔지만, 두 가지 치명적인 약점을 안고 있었다.

첫째, 변이가 어떻게 유전되는지를 설명할 수 없었다.

둘째, 진화를 뒷받침하는, 종과 종 사이를 잇는 **중간 단계 생물**의 화석이 충분히 발견되지 않았다.

다윈은 부모의 유전 형질이 물감처럼 섞여 자손에게 전달된다고 보았다. 그러나 이러한 혼합 유전 개념에 따르면 아무리 생존에 유리한 변이(예컨대 목이 긴 기린의 특성)라도, 평범한 개체와 교배할 때마다 그 특성이 다음 세대에서 점차 희석되어 결국 사라질 수밖에 없다. 다윈은 여기서 논리적 한계에 부딪혔다.

변이의 유전 문제를 해결한 인물은 다윈보다 앞서 살았지만, 생전에는 그 업적을 인정받지 못했던 멘델이었다. 멘델은 완두콩 실험을 통해 '부모의 유전 형질은 섞이는 것이 아니라 분리된 형태로 자손에게 전달된다'는 결론에 이르렀다.

20세기 초 멘델의 이론이 사실로 입증되면서 다윈의 진화론은 비로소 확고한 과학적 기반을 갖추게 되었다. 즉, 변이는 세대가 바뀌어도 희석되지 않고 다음 세대로 온전히 전달된다는 사실이 입증된 것이다.

한편, 다윈이 고심했던 또 하나의 숙제인 중간 단계 생물의 화석 문제도 해결의 실마리를 보이기 시작했다. 『종의 기원』이 출간된 지 2년 뒤, 독일의 한 채석장에서 **시조새** 화석이 발견되었다. 이 화석은 새의 깃털과 날개 구조를 지녔을 뿐만 아니라 파충류의 특징인 이빨과 긴 꼬리뼈를 함께 지니고 있었다. 시조새는 새와 파충류를 잇는 대표적 중간 단계 생물로 파충류에서 조류로 이어지는 점진적 진화 과정을 보여주는 증거였다.

인류 화석의 발견도 잇따랐다. 19세기 중반 독일의 네안데르 골짜기에서 **네안데르탈인**의 유골이 처음 발견되었고, 19세기 말에는 인도네시아의 자바섬에서 **호모 에렉투스**의 화석이 세상에 모습을 드러냈다.

20세기 들어 인류학자들이 발굴한 수많은 초기 인류의 화석은, 인간의 기원이 신의 완전한 **창조**에 있지 않고 수백만 년에 걸친 **진화**의 결과임을 보여주었다. 이는 다윈이 『종의 기원』에서 차마 언급하지 못했던, 그러나 그가 확신했던 '인간도 진화했다'는 결론을 뒷받침하는 증거였다.

누구도 진화론을 부정하기 어려운 결정적 증거가 드러나기 시작한 것은, 20세기 중반 DNA가 유전 정보를 담은 물질이라는 사실이 밝혀지면서부터였다. 이후 유전자 분석 기술이 빠르게 발달하면서, 과학자들은 생명체를 눈으로 관찰하는 데 그치지 않고 세포 안에 저장된 유전 정보를 읽고 비교할 수 있게 되었다.

유전자 분석 기술은 서로 다른 생물 사이의 **유전적 거리**, 즉 얼마나 가까운 친척 관계인지를 측정할 수 있게 해 주었다. 만약 진화론이 옳다면 인간과 가장 가까운 유인원인 침팬지는 최근의 공통 조상에서 분화되었을 것이므로, 인간과 DNA의 유전 정보 구성이 매우 높은 유사성을 보여야 한다.

비교 방식에 따라 차이를 보이기는 하지만, 과학자들이 인간과 침팬지의 DNA를 정밀하게 분석·비교한 결과 유전 정보 구성이 약 98% 일치하는 것으로 나타났다. 나머지 2%의 차이가 인간과 침팬지를 구분하는 전부였다.

과학자들은 한 걸음 더 나아가 **분자시계** 개념을 도입했다. DNA의 변이가 시간이 지남에 따라 일정한 속도로 축적된다는 가정하에, 두 종의 유전적 차이를 측정하면 공통 조상으로부터 언제 분화했는지를 계산할 수 있다. 분자시계 분석에 따르면 인간과 침팬지는 약 600만 년 전 공통 조상에서 갈라져 나온 것으로 추정되었다.

진화론이 과학적으로 강력한 증거를 갖추게 되면서 세상은 크게 달라졌다. 다윈의 진화론은 생물학적 진실의 차원을 넘어 생명과 인간을 이해하는 방식을 새로 정립했다. 진화는 생명의 기원을 설명해 주는 이론에 머물지 않고, 생명 현상을 해석하는 보편적 언어가 되었다. 우크라이나 출신의 진화생물학자 **테오도시우스 도브잔스키**의 말처럼,

"진화의 빛이 없다면 생물학에서 그 어떤 것도 의미가 없다

Nothing in biology makes sense except in the light of evolution"

진화론은 생물학의 통합 이론이 되었을 뿐만 아니라 인류의 건강을 지키는 핵심 이론으로도 자리 잡았다. 특히 항생제 내성과 바이러스 변이 현상을 이해하는 것은 진화적 관점 없이는 불가능하다. 박테리아가 항생제 환경 속에서 변이를 획득하고 그중 생존에 유리한 개체만이 살아남는 과정은 다

윈이 제시한 자연선택의 극적인 사례이다. 의학자들이 항생제 내성을 단순한 오염이나 돌연변이의 결과가 아닌, 진화의 필연적 결과로 인식하면서부터 비로소 효과적인 대응 전략을 세울 수 있게 되었다.

이러한 관점에서 등장한 새로운 학문이 바로 **진화의학**이다. 이는 '왜 인간이 특정 질병에 취약한 특성을 지니도록 진화했는가'를 탐구한다. 진화의학은 알레르기, 암, 노화와 같은 현상들을 생물학적 오류로 보지 않고, 과거 환경에서는 생존과 번식에 유리했지만 현대 환경에서는 불리하게 작용하는 유전적 특성으로 해석한다. 예컨대 수렵·채집 환경에서는 기생충과 감염원을 제거하는 데 유리했던 과민한 면역 체계가, 현대의 청결한 환경에서는 알레르기나 자가면역 질환으로 나타나는 경우가 대표적이다.

다윈 이전의 생물학은 해부학, 발생학, 지질학 등 각 분야가 독립적으로 연구되었지만 진화론이 등장하면서 이 모든 학문이 하나의 연속된 이야기로 통합되었다. 예컨대 **비교해부학**은 인간의 손뼈와 박쥐의 날개뼈, 그리고 고래의 지느러미뼈가 유사한 구조를 가지는 이유를 공통 조상의 개념으로 설명한다. **발생학**은 서로 다른 종의 초기 배아가 유사한 형태를 보이는 이유를 진화의 흔적이 남은 결과로 해석한다.

진화론이 가져온 변화는 철학의 영역에서도 일어났다. 종의 불변성 아래에서 인간은 특별하고 신성한 존재로 여겨졌지만, 진화론은 인간을 수십억 년 동안 무수한 시행착오를 거쳐 진화해 온 생명의 나뭇가지 중 하나로 간주했다. 이는 인간을 우주의 중심에서 끌어내린 코페르니쿠스적 전환에 견줄 만한 충격이었다.

다윈의 사상은 20세기 후반 **사회생물학**으로까지 확장되었다. 사회생물학에 따르면 이타성, 공격성, 협력, 경쟁, 사회구조 등 인간의 복잡한 사회적 행동이 자연선택과 유전적 진화의 산물일 수 있다. 이는 인간의 본성과 도덕적 행위 등의 기원을 철학이나 종교가 아닌 자연선택의 시각에서 바라보게 하는 계기를 마련했다.

인간이 자연의 일부라는 자각은, 인류로 하여금 생태계의 중요성과 환경 보존의 필요성을 인식하게 만드는 계기도 되었다. 종의 다양성은 수십억 년의 진화가 만들어낸 생존 전략의 총합이며, 이러한 다양성을 파괴하는 것은 인류가 스스로 생존 기반을 무너뜨리는 행위라는 인식이 확산되었다.

3장 완두콩에서 생명 원리를 발견하다

19세기 중반 유럽의 과학계는 격변의 한가운데에 있었다. 다윈의 진화론은 기존의 세계관에 지적 충격을 던졌고, 현미경 기술의 발달로 세포의 구조와 분열 과정에 대한 이해가 깊어지면서 생명 현상을 탐구하는 연구 분야도 빠르게 확장되고 있었다. 그러나 생명 현상의 근본적 질문, '부모의 형질이 어떻게 자손에게 전달되는가?'에 대해서는 여전히 아리스토텔레스 시대의 관념에서 크게 벗어나지 못했다. 그 결과 **혼합유전설**이 지배적 통념으로 자리 잡고 있었다.

혼합유전설은 겉보기에는 매우 상식적이었다. 흰색 물감

과 검은색 물감을 섞으면 회색이 되듯, 부모의 형질이 자손에게 전달될 때 그 중간 형태로 섞여 나타난다고 보았다.

예컨대 키가 큰 아버지와 키가 작은 어머니 사이에서는 중간 키의 아이가 태어나고, 털이 긴 개와 털이 짧은 개를 교배하면 중간 길이의 털을 가진 강아지가 태어난다는 식이었다. 혼합유전설은 일상에서 쉽게 관찰되는 현상에 근거했기 때문에 반론의 여지가 없어 보였다.

문제는 혼합유전설이 다윈의 진화론과 충돌한다는 점이었다. 혼합유전설에 따르면 돌연변이나 유리한 형질이 새로 나타나더라도 세대를 거듭할수록 희석되어 결국 사라져야 한다. 그렇다면 자연선택이 작동할 변이가 지속될 수 없다. 당대의 과학자들은 이 모순을 해결하지 못한 채, 마치 마법 같은 모호한 개념들로 유전의 원리를 설명하는 논문을 쏟아냈다.

1866년 오스트리아 브륀(현 체코 부르노)에서 발행된 자연과학협회지에 한 수도사가 발표한 논문이 실렸다. 《식물 잡종에 관한 실험Versuche über Pflanzen-Hybriden》이라는 제목의 이 논문은 당대의 과학계를 지배하던 혼합유전설을 근본부터 뒤흔드는 내용을 담고 있었다. 논문의 저자는 수도사이자 식물학자 **그레고어 멘델**이었다.

당시 주류 과학계는 복잡한 신체 구조의 동물이나 다양한 변이가 뒤섞인 식물을 대상으로 혼합유전설을 입증하려 애쓰고 있었다. 그러나 멘델은 단순하고 통제하기 쉬운 재료를 선택하는 천재성을 발휘했다. 그가 택한 실험 재료는 완두콩이었다. 멘델은 다음과 같은 이유로 완두콩이 유전 실험에 적합한 조건을 갖추고 있음을 간파했다.

첫째, 완두콩은 세대 주기가 짧아서 단기간에 여러 세대를 관찰할 수 있었다. 그뿐만 아니라 한 번에 많은 자손을 생산했기 때문에 통계적 신뢰도를 높일 수 있었다.

둘째, 완두콩은 꽃가루가 스스로 암술에 붙어 수정되는 자가수분이 가능했기 때문에 동일한 형질을 유지하는 순종을 쉽게 만들어 낼 수 있었다. 동시에 연구자가 꽃가루를 직접 옮겨 타가수분을 시키는 과정도 간단했기 때문에 교배 개체를 연구자의 의도대로 선택할 수 있었다.

무엇보다 결정적이었던 점은 완두콩의 형질들이 물감처럼 섞이지 않고 뚜렷하게 구분되어 나타난다는 사실이었다. 완두콩은 둥근 모양이거나 주름진 모양을 보였고, 노란색이거나 초록색을 띠었다. 형질이 섞인 듯한 중간 모양이나 중간색은 존재하지 않았다. 이러한 단순성 덕분에 멘델은 복잡한 생명 현상 속에 숨겨진 수학적 질서를 발견할 수 있었다.

멘델은 자신이 재배한 완두콩 2만여 개체의 교배 결과를 수학과 통계로 분석한 뒤 '유전은 부모의 형질이 서로 섞여 중간 형태로 나타나는 과정이 아니라 **유전인자**factor가 정해진 비율에 따라 분리되고 다시 결합하여 자손에게 전달되는 현상'이라고 결론지었다.

당시 주류 과학자들에게 멘델의 주장은 황당하게 들렸다. 유전 현상을 설명하는 데 왜 수학과 통계가 등장한단 말인가? 당시 생명 연구의 기반이 된 주류 이론은 **생기론**이었다. 이는 생명 현상이 자연법칙만으로는 설명될 수 없으며, 초경험적 생명력의 작용에 의해 창조·유지·진화된다고 보는 이론이다. 멘델처럼 수학과 통계를 기반으로 한 접근법은 정통적인 생명 연구로 인정받지 못했다.

멘델은 자신의 연구가 철저히 외면당하리라고는 예상하지 못했다. 그는 당시 유럽 식물학계의 권위자 **카를 폰 네겔리**에게 논문을 보내 조언을 구했다. 그러나 네겔리는 멘델의 수학적 접근 방식을 이해하지 못한 채, 완두콩 대신 유전 변이가 복잡하고 교배가 까다로운 털제비꽃으로 실험해 보라고 조언했다. 멘델은 그의 조언에 따라 털제비꽃으로 유전 연구를 시도했지만 교배가 안정적으로 이루어지지 않아 결국 실패로 끝났다.

멘델이 1856년부터 8년 동안 오로지 완두콩 실험에만 매달린 과정은 그의 집념과 과학적 통찰을 보여주는 기념비적 사례였다. 그는 다른 연구자들이 여러 형질을 한꺼번에 섞어 실험 결과를 모호하게 만드는 오류를 피했다. 대신 완두콩의 단일 형질에 집중하는 방법을 택했다.

멘델이 선택한 일곱 가지 형질은 '둥근 콩 대 주름진 콩, 노란색 콩 대 초록색 콩, 키가 큰 줄기 대 키가 작은 줄기' 등 뚜렷이 구분되는 한 쌍의 대비로 이루어져 있었다. 이러한 형질들은 혼합유전설이 예측하듯 중간형으로 섞여 나타나는 경우가 없었고, 반드시 둘 중 하나의 형태로만 나타났다.

멘델은 순종 콩끼리 교배하여 자식 F_1 세대를 얻었다. 예컨대 **둥근 콩과 주름진 콩**을 교배했더니 F_1세대에서는 모든 콩이 둥근 모양만을 나타냈다. 주름진 형질은 마치 사라져 버린 것처럼 보였다. 혼합유전설이 옳다면 중간형인 **약간 주름진 콩**이 나와야 했지만 전혀 그렇지 않았다.

멘델의 진정한 통찰은 바로 여기서 시작되었다. 그는 F_1세대의 둥근 콩을 자가수분시켜 손자 F_2 세대를 얻었다. 그러자 F_2세대에서 놀라운 현상이 나타났다. F_1세대에서 사라졌던 주름진 콩이 다시 출현한 것이다. 멘델은 F_2세대의 콩을 하나하나 세어 통계적으로 분석했다. 그 결과 둥근 콩과 주름진 콩이 약 3:1의 비율로 나타났다.

멘델은 이 결과가 우연이 아니며, 유전 형질이 물감처럼 섞이는 것이 아니라 형질을 결정하는 독립적인 유전인자가 존재하는 증거라고 생각했다. 그는 유전인자(둥근 모양, 주름진 모양)는 부모로부터 하나씩 받아 결합하며, 그중 우성 인자가 열성 인자의 발현을 억제할 뿐, 열성 인자는 사라지지 않고 다음 세대에 분리되어 전달된다고 보았다. 이 원리는 후대 유전학자들에 의해 **분리의 법칙**으로 불리게 된다.

멘델의 통찰은 여기서 멈추지 않았다. 그는 눈에 보이는 결과만으로는 유전의 실제 원리를 설명할 수 없다고 생각했다. 겉보기에는 F_2세대에서 둥근 콩이 3개, 주름진 콩이 1개의 비율로 나타났지만, 멘델은 그 둥근 콩 3개가 같은 종류가 아닐 수도 있다고 보았다. 즉, 어떤 콩은 둥근 형질만을 물려받은 **순종 둥근 콩**이고, 또 어떤 콩은 둥근 형질과 주름진 형질을 함께 물려받았지만 겉으로는 둥글게 보이는 **잡종 둥근 콩**일 수 있다고 생각한 것이다.

이때 멘델은 겉모습(표현형)이 동일하더라도 그 안의 유전적 조합(유전자형)은 다를 수 있다는 사실을 간파했다. 이를 확인하기 위해 멘델은 F_2세대의 둥근 콩을 자가수분시켰다. 그 결과 그중 3분의 1은 항상 둥근 콩만 낳는 순종이었고, 나머지 3분의 2는 둥근 콩과 주름진 콩을 다시 3:1 비율로 낳는 잡종이었다. 다만 주름진 콩은 언제나 순종이었다. 즉, 멘델은 F_2세대의 표현형이 3:1 비율로 나타나지만, 유전자형은 1:2:1 비율로 구성되어 있다는 사실을 밝혀낸 것이다.

이로써 멘델은 유전의 본질이 겉으로 보이는 특징이 아니라 눈에 보이지 않는 유전인자의 조합과 분리에 있음을 깨달았다. 나아가 이러한 유전인자들이 생식세포가 만들어질 때 서로 분리되어 다음 세대로 전달된다고 생각했다.

멘델은 한 걸음 더 나아갔다. 그는 두 가지 이상의 형질이 동시에 유전되는 경우를 관찰했다. 예컨대 **노란색 둥근 콩과 초록색 주름진 콩**을 교배한 것이다. 혼합유전설에 따르면 이 형질들은 뒤섞여 중간형의 콩이 나와야 했다. 그러나 멘델이 얻은 F_2세대에서는 전혀 다른 결과가 나타났다.

완두콩은 '노란색 둥근 콩, 노란색 주름진 콩, 초록색 둥근 콩, 초록색 주름진 콩'의 네 가지 형태로 나뉘었고, 그 비율은 정확히 9:3:3:1이었다. 이 비율은 형질을 결정하는 각각의 유전인자가 서로 독립적으로 다음 세대에 전달된다는 증거였다. 즉, 콩의 색깔을 결정하는 유전인자는 콩의 모양을 결정하는 유전인자와 서로 영향을 주고받지 않고 독립적으로 작용한다는 뜻이다. 이 원리는 후대 유전학자들에 의해 **독립의**

법칙으로 불리게 된다.

이 모든 것은 8년에 걸친 고독한 실험의 결실이었다. 멘델은 오직 종이와 연필, 그리고 완두콩만으로 유전 법칙들을 도출했고 그 결과를 논문으로 발표했다. 그러나 그에게 돌아온 것은 철저한 무관심뿐이었다. 멘델은 자신의 위대한 발견이 세상에서 인정받는 모습을 끝내 보지 못한 채 1884년 조용히 생을 마감했다.

멘델이 세상을 떠난 지 16년이 지난 1900년, 유전 연구의 역사는 마치 한 편의 드라마처럼 극적인 반전을 맞았다. 네덜란드의 식물학자 **휘호 더프리스**, 독일의 식물학자 **카를 코렌스**, 오스트리아의 농학자 **에리히 폰 체르마크** 등 세 과학자가 서로의 존재를 모른 채 각자 다른 식물을 대상으로 유전 연구를 진행했다. 그 과정에서 그들은 우연히 오스트리아의 한 수도사가 30여 년 앞서 발표한 논문을 발견했다. 논문을 펼쳐본 순간 그들은 놀라움을 감출 수 없었다. 자신들이 새롭게 규명했다고 믿었던 유전 법칙이 멘델에 의해 이미 규명되어 있었던 것이다.

세 과학자의 연구는 멘델의 유전 법칙이 완두콩에만 국한된 특수한 현상이 아니라 다양한 생물에서 나타나는 보편적 유전 현상이라는 사실을 입증하는 계기가 되었다. 이들의 논문이 1900년 3월부터 6월 사이에 잇달아 발표되면서 멘델의 연구는 비로소 재조명되기 시작했다. 이후 과학계의 다음 과제는 멘델이 말한 **유전인자**가 세포 안에서 어디에, 어떤 형태로 존재하는지를 밝혀내는 것이었다.

현미경 기술이 발달하면서 과학자들은 세포 분열 과정을 관찰할 수 있게 되었다. 세포핵 속의 구조물들이 맨눈으로는 잘 보이지 않았기 때문에 과학자들은 특정 염료로 세포를 물들이는 염색법을 사용했다. 그 과정에서 세포의 다른 부분보다 염료에 더 강하게 반응하며 선명한 색깔을 띠는 **실 모양의 구조물**을 발견했다. 이 구조물은 일정한 수로 쌍을 이루었다가 세포 분열 과정에서 분리되는 특징을 보였다.

1888년 독일의 해부학자 **하인리히 발다이어**가 이 구조물에 **염색체**chromosome(고대 그리스어 어원인 색chroma과 몸soma의 합성어)라는 이름을 붙였다. 1900년 멘델의 연구가 재조명될 무렵에는, 쌍을 이루고 있던 염색체가 세포 분열 과정에서 분리된다는 사실이 이미 알려져 있었다. 그러나 이러한 염색체의 행동이 유전 현상과 직접 관련이 있다는 사실은 아직 밝혀지지 않은 상태였다.

1902년 미국 캔자스 대학교에서 세포학을 공부하던 대학원생 **월터 서턴**과 독일의 발생학자 **테오도어 보베리**는 서로 다른 연구를 통해, 염색체의 분리와 배열 방식이 멘델의 법칙과 일치한다는 사실을 밝혀냈다.

서턴은 메뚜기의 생식세포가 만들어지는 과정을 현미경으로 관찰했다. 메뚜기의 체세포에는 염색체가 쌍으로 존재하지만, 생식세포(정자, 난자)가 만들어질 때 각 쌍의 염색체가 분리되어 하나씩만 생식세포로 들어간다는 사실을 밝혀냈다. 이는 멘델이 제시한 유전인자의 분리 방식과 일치했다.

보베리는 성게의 수정 과정을 연구하면서, 부모로부터 물려받은 각 염색체가 결합해 자손의 염색체 구성을 이룬다는 사실을 밝혀냈다. 또한 그는 염색체들이 수정 과정에서 서로 간섭하지 않고 독립적으로 행동한다는 사실도 밝혀냈다. 이는 멘델이 제시한 유전인자의 독립적 행동 방식과 일치했다.

두 과학자의 연구 결과는 세 가지로 요약될 수 있다.

첫째, 염색체는 체세포에서 언제나 쌍으로 존재한다. 그중 하나는 아버지에게서, 다른 하나는 어머니에게서 물려받은 것이다(멘델의 유전인자 개념).

둘째, 생식세포가 만들어질 때 각 염색체 쌍은 분리되어 생식세포에는 그중 하나씩만 들어간다(분리의 법칙).

셋째, 여러 염색체 쌍은 서로 간섭하지 않고 독립적으로 분리되어 생식세포로 들어간다(독립의 법칙).

서턴과 보베리의 연구를 통해 멘델의 유전인자는 **염색체**라는 물리적 실체를 갖게 되었다. 그러나 그들의 연구는 염색체의 움직임이 멘델의 법칙과 일치한다는 사실을 밝혀냈을 뿐, 특정 형질의 유전이 염색체에 의해 일어난다는 직접적인 증거가 아니었다. 이를 입증한 인물은 미국의 발생학자 **토머스 헌트 모건**이었다.

1910년 모건은 실험실에서 기르기 쉽고 번식 주기가 짧은 초파리를 대상으로 유전 연구를 진행했다. 초파리의 눈은 보통 빨간색인데, 모건은 흰색 눈을 가진 돌연변이 개체를 발견했다. 그는 이 **흰 눈 돌연변이**를 이용해 교배 실험을 반복한 끝에, 초파리의 눈 색깔을 결정하는 유전인자가 실제로 염색체 위에 존재한다는 사실을 밝혀냈다.

멘델의 유전 법칙이 여러 과학자에 의해 입증되자 과학계는 유전 현상에 대한 이해 방식을 새롭게 정립했다. 1905년 영국의 생물학자 **윌리엄 베이트슨**이 **유전학**이라는 용어를 처음 제안하면서, 유전 현상을 다루는 새로운 학문이 독립된 분야로 자리 잡기 시작했다. 이후 유전학은 생명의 기원과 진화,

그리고 질병의 메커니즘을 설명하는 핵심 연구 분야로 발전했다.

가장 큰 변화는 유전의 본질에 대한 인식이 완전히 달라졌다는 점이다. 멘델 이전의 유전은 부모의 형질이 서로 섞여 중간형으로 나타나는 **혼합유전설**로 이해되었다. 그러나 멘델 이후의 유전은 부모의 형질이 섞이지 않고 분리된 단위로 다음 세대에 전달되는 **입자유전설**로 이해되기 시작했다.

입자유전설 덕분에 다윈의 진화론이 안고 있던 모순도 해결될 수 있었다. 혼합유전설에서는 새로운 변이가 세대를 거치며 희석되어 사라져야 했지만, 입자유전설에서는 변이가 사라지지 않고 자손에게 온전히 전달될 수 있었다. 즉, 멘델의 발견은 다윈의 자연선택이 실제로 작동할 수 있는 유전적 기반을 제공한 셈이었다.

멘델은 학문적 성과를 넘어 인류의 식탁까지 바꾸어 놓았다. 유전 법칙이 알려지기 전까지 농부들은 오로지 경험과 우연에 의존해 잡종 교배를 시도했지만, 이제는 병충해에 강하거나, 수확량이 많거나, 맛이 좋은 특성 등 원하는 형질을 선택적으로 교배할 수 있게 되었다.

이러한 품종 개량 기술은 20세기 농업 혁명의 기반이 되었다. 유전학자들은 멘델의 법칙을 바탕으로 병충해에 강하고 수확량이 많은 벼와 밀 품종을 개발했고, 이는 인류가 직면한 기아 문제를 완화하는 데 중요한 역할을 했다.

멘델의 법칙이 인류의 삶에 가장 깊이, 그리고 극적으로 영향을 미친 영역은 의학이었다. 멘델이 제시한 1:2:1의 유전자형 비율은 치명적 유전 질환의 발병 가능성을 계산하는 확률 모델이 되었다. 예컨대 **눈피부 백색증**albinism과 같은 유전병은 열성 유전을 따른다. 겉으로는 건강해 보이지만 부모가 모두 유전병 인자를 보유한 경우$_{Aa}$, 분리의 법칙에 따라 자녀에게 유전될 확률을 수학적으로 예측할 수 있다. 즉, 유전병 인자를 보유한 부모$_{Aa \times Aa}$ 사이에서 유전병을 가진 자녀 $_{aa}$가 태어날 확률은 정확히 25%이다.

이러한 확률 계산은 곧 **유전상담**이라는 새로운 의학 분야의 탄생으로 이어졌다. 과거에는 유전병이 운명이나 저주의 질병으로 여겨졌지만, 이제 의사들은 멘델의 법칙을 바탕으로 환자의 가계도를 분석하고 발병 위험을 숫자와 확률로 설명할 수 있게 되었다. 이는 환자와 가족이 유전병의 위험을 이해하고 과학적 데이터에 근거해 의료적 결정을 내릴 수 있도록 돕는다.

결국 옳았던 그들의 황당한 주장

2부 의사의 손이 병을 옮긴다는 황당한 주장

4장 병든 소의 고름을 인간에게 접종하다

인류의 역사를 통틀어 가장 치명적인 질병을 꼽으라면 단연 **천연두**였다. 천연두는 사람의 목숨을 앗아가는 데 그치지 않고, 살아남은 이들의 얼굴에 평생 지워지지 않는 끔찍한 흉터를 남겼다. 18세기 유럽에서 천연두는 수많은 생명을 앗아갔고 아이들에게 특히 치명적이었다.

당시 천연두에 맞설 수 있는 유일한 예방책은 **인두법**이었다. 이는 아시아에서 전해진 것으로, 천연두 환자의 고름을 건강한 사람의 피부에 긁어 넣어 가벼운 감염을 유도하는 방식이었다. 직접 감염보다 증상은 약했지만 인두법을 받은 사람 100명 중 1~3명은 사망했고, 일부는 감염원을 퍼뜨려 지역 사회 전체를 위험에 빠뜨리기도 했다.

인두법은 부유층과 귀족 사회에서 먼저 받아들여졌다. 천연두는 신분을 가리지 않고 모두에게 치명적이었지만, 귀족층은 얼굴 흉터가 사회적 지위와 혼인에까지 영향을 줄 수 있다는 이유로 천연두를 더욱 두려워했다. 그러나 인두법으로도 목숨을 잃을 수 있었기 때문에 부모가 자녀에게 인두법을 시행할 때는 실제로 생사를 걸어야 했고, 의사들 또한 무고한 생명을 잃게 할 수 있다는 윤리적 딜레마를 안고 있었다. 인두법은 예방책이면서 동시에 또 다른 공포였다.

이처럼 암울한 시대에 영국의 의사 **에드워드 제너**는 "우두에 걸린 소의 고름을 사람에게 접종하면 천연두를 예방할 수 있다"고 주장했다. 그의 가설은 일상적인 관찰에서 비롯되었다. 제너는 우두를 앓았던 낙농업 종사자들이 천연두에 걸리지 않는다는 사실에 주목했다. 우두는 소의 유방에 생기는 물집 형태의 질병으로, 사람에게 옮겨도 가벼운 열과 작은 수포만을 일으키는 경미한 질병이었다.

1796년 제너는 자신의 가설을 입증하기 위해 인류 의학사에서 가장 논쟁적인 실험 중 하나를 감행했다. 그는 소의 젖을 짜다가 우두에 감염된 여성 **사라 넬메스**의 손에 생긴 물집에서 고름을 채취해, 이를 자기 집 정원사의 아들인 8세 소년 **제임스 핍스**의 팔에 주입했다. 핍스는 며칠 동안 미열과 가벼운 몸살 증상을 보였지만 곧 회복되었다.

몇 주 후 제너는 천연두 환자의 고름을 채취해 핍스에게 주입했는데, 그의 예상대로 핍스는 천연두에 걸리지 않았다. 이후 제너는 여러 사람들을 대상으로 같은 실험을 반복했고 모두에게서 동일한 결과를 얻었다.

제너는 자신이 발견한 이 놀라운 천연두 예방법을 세상에 알리기 위해, 당대 최고 권위를 자랑하던 학술 기관인 영국 왕립학회에 우두 접종 실험 결과를 정리한 보고서를 제출했다. 그러나 왕립학회는 그의 가설이 혁신적이라는 점은 인정했지만 증거가 충분하지 않다며 학회지 게재를 거부했다.

왕립학회가 요구한 것은 제너가 감당할 수 없는 대규모 임상 통계와 재현 가능한 실험 근거였다. 그보다 근본적인 문제는 제너에게 의학적으로 설명할 방법이 없었다는 점이다. '왜 우두가 천연두를 예방하는가?'라는 질문에 제너가 내놓을 수 있는 답은 '실험 결과가 그렇다'라는 것뿐이었다. 그의 실험은 성공했지만 그 이유를 설명할 이론이 당시 의학에는 존재하지 않았다. 18세기 의학은 면역의 개념조차 알지 못했기 때문이다.

그럼에도 불구하고 제너는 자신의 천연두 예방법을 알리기 위한 노력을 포기하지 않았다. 그는 더 많은 연구 사례를 추가해 1798년 『천연두 예방을 위한 우두의 원인과 효과에 대한 탐구An Inquiry into the Causes and Effects of the Variolae Vaccinae』를 출간했다. 그러나 그는 곧 의학계의 냉대와 조롱에 직면했다. 제너는 자신의 우두 접종법에 라틴어로 소를 뜻하는 vacca에서 따와 vaccination이라는 이름을 붙였는데, 반대론자들은 이를 '짐승 같은 시술, 괴물 같은 발상'이라며 비난했다.

그런데 얼마 지나지 않아 제너의 우두 접종법에 주목한 여러 의사들이 환자에게 우두를 접종하기 시작했다. 그 대표적 인물이 영국 스몰폭스 병원의 **윌리엄 우드빌**이었다. 그는 우두 접종법 확산에 크게 기여한 인물이지만, 접종 방식 때문에 적지 않은 혼란을 일으켰다.

우드빌은 우두 접종이 실제로 천연두를 예방하는지 직접 확인하기 위해, 우두를 접종한 환자에게 며칠 후 다시 인두법을 시행했다. 즉, 한 사람에게 우두법과 인두법을 차례로 시행했던 것이다. 이러한 시도는 환자를 불필요하게 천연두 물질에 노출시키는 위험이 있었다. 더 심각한 문제는 그가 근무하던 스몰폭스 병원이 천연두 환자로 가득했다는 점이다. 이 병원은 런던에 설립된 천연두 전문 병원으로 인두법을 시행하던 대표적 의료기관이었다. 그 때문에 우드빌이 준비한 우두 물질이나 접종 도구가 천연두 바이러스로 오염될 가능성이 매우 높았다. 결국 접종자 중 일부가 천연두에 감염되는 참사가 발생했고, 이로 인해 제너의 우두 접종법에 대한 신뢰에 큰 타격을 주었다.

제너는 왜 우두 접종법이 천연두를 예방하는지 과학적으로 설명하지 못했지만, 시간이 흐를수록 그의 주장을 뒷받침하는 임상 증거가 쌓여 갔다. 제너의 접종법은 영국을 넘어 전 세계로 퍼져 나갔는데, 이는 천연두에 대한 공포가 극심했던 당대의 사람들이 스스로 우두 접종법을 기꺼이 받아들였기 때문이다.

1803년 스페인의 국왕 **카를로스 4세**는 우두 접종법의 효용을 인식하고 세계 각지의 식민지로 백신을 전파하기 위해 **왕립 백신 원정대**를 조직했다. 그러나 당시에는 백신을 장기간 보존할 냉장 기술과 저장 방법이 존재하지 않았기 때문에 대서양을 건너 백신을 운송하는 것은 사실상 불가능한 일이었다.

이 문제를 해결하기 위해 스페인의 의사 **프란시스코 하비에르 데 발미스**는 잔혹하지만 효과적인 방법을 고안했다. 그는 20여 명의 스페인 고아 소년들을 모집해, 이들을 살아 있는 백신 매개체로 활용했다. 출항 직전 소년 두 명에게 우두를 접종한 뒤, 그들의 팔에 생긴 물집에서 고름을 채취해 다음 소년에게 접종하는 **팔 대 팔 연속 접종** 방식으로 항해 내내 백신의 활성을 유지했던 것이다.

인간 백신 사슬은 대서양을 건너 멕시코, 쿠바, 페루, 필리핀에 이르기까지 약 3년에 걸친 항해 동안 이어졌다. 소년들은 그 과정에서 끊임없이 백신을 배양하는 매개체 역할을 해야 했다. 이는 윤리적 측면에서 심각한 논란을 남겼지만, 결과적으로 수많은 식민지 주민의 생명을 구하고 천연두 발병률을 현저히 낮추는 성과를 거두었다. 이를 계기로 제너의 발견은 점차 경험적 진실로 자리 잡기 시작했다.

제너가 1823년 세상을 떠난 뒤 반세기가 지나서야 그의 우두 접종법은 비로소 과학적 이론으로 완성되었다. 이에 가장 크게 기여한 인물은 프랑스의 화학자이자 미생물학자 **루이 파스퇴르**였다.

1879년 파스퇴르는 가축 전염병인 **닭콜레라**를 연구하던 중 뜻밖의 사실을 발견했다. 휴가로 자리를 비운 사이 닭콜레라균 배양액을 공기 중에 노출한 채 방치했는데, 돌아와 그 오래된 균을 닭에게 주입하자 닭들이 가벼운 증상만 보이고 살아남았다. 며칠 후 새로 배양한 신선한 균을 주입했을 때는 닭들이 병에 걸리지 않았다.

이 실험을 통해 파스퇴르는 '활동성이 약해진 균은 병을 일으키지 않고, 대신 강한 균이 침입했을 때 병에 걸리는 것을 막아준다'는 사실을 깨달았다. 그는 이 원리로 제너의 우두 접종법을 해석했다. 제너가 사용했던 우두균은 천연두균과 성질이 유사하지만, 소의 몸을 거치며 활동성이 약해졌기 때문에 사람에게는 병을 일으키지 않고 천연두 발병을 막아주었던 것이다.

이후 파스퇴르는 열처리, 화학적 처리, 배양 환경 조절 등을 통해 인위적으로 균의 활동성을 약화시켜 '병을 일으키는 성질'을 제거하고 '면역 반응을 일으키는 성질'만을 남기는 방법을 개발했다. 파스퇴르는 이렇게 해서 얻은 독성이 약화된 병원체에 백신vaccine이라는 이름을 붙였다. 이는 제너가 착안한 소vacca에서 유래한 명칭을 따른 것으로 그의 선구적 업적에 경의를 표현한 것이었다.

파스퇴르는 백신 원리를 탄저병과 광견병 등에도 적용해

성공을 거두었고 **면역학**이라는 새로운 학문적 지평을 열었다. 이로써 제너의 우두 접종법은 짐승 같은 시술이 아닌, 활동성이 약화된 병원체를 이용한 인공 면역 유도라는 과학 이론으로 확립되었다.

백신 이론의 완성은 인류의 질병 관리 패러다임에 혁명을 가져왔다. 백신이 도입되면서 질병 관리의 초점이 **치료**에서 **예방**으로 전환되었고, 이는 인류가 선제적으로 질병을 막을 수 있는 능동적 의학의 시대를 열었다. 파스퇴르 이후의 과학자들은 백신 기술을 소아마비, 홍역, 풍진, 디프테리아 등 수많은 전염병으로 확장하며 적용 범위를 넓혀 갔다.

가장 위대한 성과는 천연두의 박멸이었다. 20세기 중반 세계보건기구WHO는 천연두 백신 접종을 전 세계적 공중 보건 정책으로 채택했다. 특히 1967년부터 WHO의 주도로 10여 년간 **천연두 박멸 프로그램**이 전개되었다. 그 결과 1977년 소말리아에서 발병 사례가 보고된 것을 끝으로 더 이상 천연두 환자가 발생하지 않았다. 1980년 WHO는 천연두가 인류 역사상 최초로 완전히 박멸된 질병임을 공식 선언했다. 이는 전염병과의 싸움에서 인류가 거둔 기념비적 승리였다.

백신 이론이 낳은 또 다른 혁신적 개념은 **집단 면역**이다.

이는 백신을 맞지 못한 취약 계층까지 보호할 수 있는 사회적 면역망을 의미한다. 백신 접종률이 어느 수준을 넘어서면 병원체는 더 이상 숙주를 찾지 못해 전파의 사슬이 끊어진다. 즉, 백신을 접종한 개인의 면역이 모여 사회 전체를 보호하는 면역망이 형성되는 것이다. 이로써 질병은 개인의 문제가 아닌, 사회 공동의 책임이자 공공재적 성격을 지닌 영역으로 자리 잡게 되었다.

1900년대 초 서구 사회에서 아이가 다섯 살이 되기 전에 사망하는 주된 원인은 감염병 때문이었다. 백신이 보급되면서 유아 사망률이 급격히 감소했는데, 역사학자들은 20세기에 인류의 수명이 비약적으로 늘어난 가장 큰 요인이 바로 백신의 힘이었다고 평가한다.

5장 손 씻기로 감염병을 퇴치하다

19세기 중반 유럽의 대형 병원은 근대 의학의 상징이었지만, 감염과 죽음이 빈번하게 일어나는 장소이기도 했다. 특히 출산을 위해 병원을 찾은 산모들이 **산욕열**에 감염되어 목숨을 잃는 일이 잦았다. 산욕열에 걸린 산모는 아이를 낳은 지 며칠 만에 고열과 오한에 시달리다가 곧 패혈증으로 악화되어 사망에 이르렀다.

1840년대 오스트리아 빈 종합병원에는 두 개의 산과 병동이 있었다. 제1병동은 의과대학 소속으로 의사와 의대생들이 산모를 진료했고, 제2병동은 조산사 양성을 위한 실습 병동으로 조산사들이 주로 진료를 맡았다. 그런데 제1병동의 산모 사망률은 종종 10%를 넘겼고 어떤 달에는 20%에 육박하기도 했다. 즉, 산모 열 명 중 한두 명이 산욕열로 목숨을 잃었던 것이다. 반면, 제2병동의 사망률은 2~3% 수준으로 그보다 훨씬 낮았다.

산모들은 두 병동의 사망률 차이를 이미 소문으로 알고 있었다. 제1병동에 배정된 산모들은 제2병동으로 옮겨 달라며 간절히 호소했다. 어떤 이들은 산욕열의 공포를 견디지 못해 입원을 포기하고 집에서 조산사를 불러 출산하거나, 심지어 병원으로 오던 길에 진통이 오면 거리에서 분만을 감행했다. 그것이 더 안전하다고 믿었기 때문이다. 이처럼 당시 빈 종합병원의 산과 제1병동은 산모들에게 죽음의 문턱과도 같은 곳으로 여겨졌다.

의사들은 두 병동의 극단적인 사망률 차이를 **미아즈마설**로 설명했다. 이는 썩은 시신과 오물, 부패한 유기물 등에서 올라오는 악취와 독성 증기가 공기를 오염시키고, 그 **오염된 공기**miasma를 들이마시면 병에 걸린다는 이론이다. 미아즈마설은 세균에 대한 개념이 존재하지 않던 당대 의학계의 주류 이론이었다.

의사들은 빈 종합병원의 환자 수가 지나치게 많고 통풍이

잘되지 않는 점에 주목했다. 그 결과 공기가 쉽게 오염되기 때문에 산모가 산욕열에 걸린다고 설명했다. 그 외에도 산모 개인의 체질과 영양 상태를 탓하거나, 제1병동의 산모 수가 제2병동보다 많아서 세심하게 돌보기 어렵다는 점을 이유로 들었다.

헝가리 출신의 산과의사 **이그나츠 제멜바이스**에게 이러한 설명은 모두 납득할 수 없는 것이었다. 1846년 제멜바이스는 빈 종합병원 산과 제1병동의 조교의Erster Assistent로 임용되었다. 그는 산과 교수를 보조하며 진료와 회진은 물론 의대생 교육까지 맡아 병동 운영의 실무를 총괄했다.

제멜바이스는 제1병동과 제2병동의 사망률 차이를 설명할 단서를 추적했다. 두 병동은 동일한 환경과 미아즈마를 공유했고, 산모들의 건강 상태나 사회적 배경에도 별다른 차이가 없었다. 유일한 차이점은 제2병동은 의사가 아닌 조산사가 진료를 담당한다는 점뿐이었다.

제멜바이스는 제1병동의 의사와 의대생들이 산모를 진찰하기 전, 해부실에서 시체를 해부하거나 부검 실습을 한다는 사실에 주목했다. 그들은 시체를 만진 손을 대충 씻거나 아예 씻지 않은 채 산모들의 질과 자궁을 검사했다. 고심 끝에 제멜바이스는 **의사의 손**이 산모에게 죽음을 옮기는 매개체일 수밖에 없다고 결론지었다. 그 외에 두 병동의 사망률 차이를 설명할 다른 이유를 찾을 수 없었다.

제멜바이스는 "**시체의 부패물질**kadaveröse Partikel이 의사의 손을 통해 산모에게 옮겨져 산욕열을 일으킨다"고 주장했다. 이는 당시 의학계의 통념과 의사의 권위를 뒤흔드는 발상이었다. 의사들은 자신의 고결한 손이 산모에게 죽음을 옮긴다는 주장을 받아들이지 않았다. 제멜바이스의 주장은 과학적 논쟁의 대상이 아니라 의사들을 모욕하는 것으로 여겨졌고, 곧 그는 조롱과 배척의 대상이 되었다.

그러던 어느 날 제멜바이스의 주장을 뒷받침할 사건이 발생했다. 1847년 봄, 그의 동료이자 법의학 교수 **야코프 콜레치카**가 비극적인 사고로 사망했다. 콜레치카는 부검 도중 해부용 칼에 손을 베였는데, 며칠 뒤 산욕열로 사망한 산모들과 똑같은 증상을 보이다가 끝내 숨을 거두었다.

제멜바이스는 콜레치카의 부검 보고서에서, 산욕열로 사망한 산모의 내부 장기에서 나타난 것과 동일한 염증성 병변을 확인했다. 이로써 그는 '시체를 해부한 의사의 손에 묻은 부패물질이 산모의 자궁으로 침투해 산욕열을 일으킨다'는 자신의 판단이 옳다고 확신했다. 세균의 존재조차 알려지지 않았던 시대에 제멜바이스는 오직 통계와 직관에 의존해, 눈에 보이지 않는 정체불명의 물질이 손을 통해 타인에게 질병을 옮길 수 있다는 사실을 깨달았던 것이다.

제멜바이스는 산모들의 죽음을 막기 위해 주저하지 않고 행동에 나섰다. 그는 제1병동의 의사와 의대생들에게 산모를 진료하기 전 염화석회수로 손을 깨끗이 씻으라고 지시했다. 염화석회수는 염소 화합물의 일종으로 강한 소독 효과를 지닌 물질이었다.

오늘날에도 염소 기반 소독제는 수영장 물 관리나 상·하수 처리, 감염병 발생 시 환경 소독 등 다양한 분야에서 널리 쓰이고 있다. 그러나 당시에는 세균의 존재나 소독의 과학적 원리가 알려져 있지 않았기 때문에 제멜바이스가 세균을 죽이기 위해 염화석회수를 사용한 것은 아니었다. 다만 그것이 시체의 부패 냄새를 제거하는 데 효과적이라는 사실은 널리 알려져 있었기 때문에 제멜바이스가 염화석회수를 손 세척제로 선택했던 것이다.

결과는 놀라웠다. 1847년 5월, 손 세척을 의무화하기 전 제1병동의 산모 사망률은 20%에 가까웠다. 그러나 손 세척을 의무화한 지 불과 한 달 만에 사망률은 2%대로 급감했고,

그해 말에는 제2병동보다 낮은 1%대까지 떨어졌다. 수많은 산모의 생명을 구한, 이 단순하지만 혁신적인 조치는 스스로 그 위력을 입증했다.

제멜바이스는 이러한 결과를 통계 자료와 함께 빈 의사협회에서 보고하고 설명했다. 그러나 의사들은 염화석회수로 손을 씻으면 산욕열을 예방할 수 있다는 주장을 받아들이려 하지 않았다. 그들은 '왜 염화석회수가 산욕열을 예방하는가?'에 대한 과학적 근거를 요구했지만 제멜바이스는 그것을 제시하지 못했다.

세균학이 아직 태동하지 않았던 19세기 중반, 눈에 보이지 않는 부패물질이 손에 묻어 질병을 일으킨다는 그의 주장은 터무니없는 헛소리로 치부되었다. 특히 오스트리아의 저명한 의사들은 "우리의 손이 몹쓸 병을 옮긴다는 발상은 의료계 전체에 대한 모욕이다"라며 격렬히 반발했다. 이후 빈 종합병원은 계약 기간이 끝난 제멜바이스를 재임용하지 않았고, 그는 결국 고국 헝가리로 돌아갈 수밖에 없었다.

헝가리에 돌아온 뒤에도 제멜바이스는 신념을 굽히지 않았다. 그는 1850년 페슈트(현 부다페스트)의 성 로크 병원에 산과 과장으로 부임한 뒤, 의사와 조산사 모두에게 염화석회수 손 세척을 의무화했다. 그 결과 산모의 사망률을 극적으로 낮추는 데 다시 성공했다. 그러나 이러한 성과에도 불구하고 유럽 의학계의 분위기는 달라지지 않았다. 그의 이론을 헐뜯거나 조롱하는 글과 논평들이 계속해서 발표되었고 제멜바이스는 점점 더 고립되어 갔다.

통계로 명백히 입증된 자신의 주장이 받아들여지지 않는 현실, 그리고 동료 의사들의 끊임없는 모함과 냉대는 제멜바이스의 정신을 서서히 파괴했다. 그는 결국 극심한 스트레스와 분노로 정신적 혼란과 불안정한 행동을 보이기 시작했다.

1865년 8월, 그의 가족은 치료를 위해 제멜바이스를 빈 근교의 정신병원에 사실상 강제로 입원시켰다. 그는 입원을 거부하며 격렬히 저항했는데, 정신병원 직원들에게 제압당하는 과정에서 손과 팔 등에 상처를 입었다. 그로부터 2주 후 제멜바이스는 상처가 감염되어 패혈증으로 생을 마감했다.

1860년대 파스퇴르는 발효와 부패의 원인을 연구하던 중, 그 주범이 공기 중에 떠다니는 미생물이라는 사실을 밝혀냈다. (당시 파스퇴르는 공기 중에 '발효와 부패를 일으키는 아주 작은 생명체'가 존재한다고 보았는데, 그것이 오늘날 말하는 미생물이나 세균 개념으로 정립된 상태는 아니었다.) 당대의 과학자들은 미생물이 부패를 일으키는 것이 아니라 부패한 물질 속에서 미생물이 저절로 생겨난다고 믿었다. 파스퇴르는 그 통념이 잘못되었음을 실험으로 입증하려고 했다.

이를 위해 그는 **백조목 플라스크 실험**을 설계했다. 영양분이 가득 담긴 플라스크를 끓여 정화한 뒤, S자 형태로 길게 굽은 목을 달았다. 이렇게 하면 공기는 플라스크 안을 자유롭게 드나들 수 있지만, 공기 중의 미생물은 꺾인 목 부위에 걸려 안으로 들어가지 못한다.

실험 결과 플라스크 안에서 부패가 일어나지 않았다. 이로써 파스퇴르는 부패가 외부에서 유입된 미생물에 의해 일어난다는 사실을 입증한 셈이었다. 이는 향후 **세균설**이 확립되는 데 과학적 토대가 되었다.

제멜바이스가 말한 시체의 부패물질은 바로 세균이었다. 염화석회수는 강력한 소독 작용으로 의사의 손에서 세균을 제거했고, 그 결과 산모의 사망률을 극적으로 낮출 수 있었다. 그의 통찰은 이론적 근거도 없이 얻어낸 선견지명이었다. 세균학의 개념조차 정립되지 않았던 시대에 제멜바이스는 경험적 관찰만으로 세균 감염의 본질에 다가선 셈이었다.

제멜바이스의 주장이 마침내 재평가되고 의학계에 받아들여진 데는 영국의 외과의사 **조지프 리스터**의 역할이 컸다.

리스터는 발효와 부패가 미생물의 활동으로 일어난다고 설명한 파스퇴르의 논문을 접한 뒤, 그의 이론이 외과 수술의 감염 문제를 해결할 열쇠가 될 것이라 판단했다.

당시 수술실에는 감염 예방이라는 개념이 존재하지 않았다. 외과 수술이 성공적으로 끝났더라도 상처가 곪아 생기는 **화농**으로 환자가 사망하는 일이 흔했는데, 이는 피할 수 없는 결과로 여겨졌다. 파스퇴르의 연구를 통해 리스터는 화농이 공기 중의 미생물에 의해 발생할지도 모른다고 생각했다.

리스터는 파스퇴르의 발견을 응용해 화학적 소독을 시도했다. 그가 선택한 물질은 석탄산(페놀)이었다. 석탄산은 당시 하수 처리장에서 악취와 부패를 막는 데 사용되던 소독제였다. 리스터는 1865년부터 수술 도구와 환자의 상처 부위는 물론, 수술실 공기 중에도 석탄산 스프레이를 뿌려 미생물을 제거하려는 시도를 했다. 오늘날의 시각에서 보면 조악하고 비효율적인 방법이지만, 수술 부위가 세균으로 감염될 수 있다는 인식이 처음 반영된 시도라는 점에서 의학사적으로 혁신적이었다.

리스터의 석탄산 소독법은 외과 수술 후 감염률을 극적으로 끌어내리며 환자의 생존율을 크게 높였다. 1867년 그는 자신의 임상 결과를 정리한 논문을 저명한 의학 저널 《랜싯

The Lancet)에 발표했다. 이 논문을 계기로 리스터의 명성은 영국을 넘어 유럽 전역으로 빠르게 퍼져 나갔다. 이후 소독 외과 수술이 확산되면서 의학계는 비로소 제멜바이스의 통찰이 옳았음을 인정하게 되었다.

석탄산 소독법은 수술 후 감염률을 획기적으로 낮추었지만 완전한 해결책은 아니었다. 석탄산은 의사와 환자 모두에게 독성이 강했고 수술실 전체를 미생물로부터 완전히 격리하는 데에도 한계가 있었다. 이에 의학계는 '존재하는 세균을 제거하는 것'보다, 아예 '세균이 존재하지 않는 환경을 유지하는 것'이 근본적인 해법임을 깨닫게 되었다.

이러한 인식 변화는 19세기 후반 멸균 수술의 시대로 이어졌다. 증기 멸균법의 도입으로 수술 도구와 거즈를 고온·고압에서 멸균할 수 있게 되었고, 의사들은 마스크를 착용하고 소독된 수술복을 갖춰 입기 시작했다. 또한 손 씻기에서 한 걸음 더 나아가 멸균 장갑을 착용했다. 손 씻기로 피부 표면의 세균은 제거할 수 있지만, 피부 깊숙한 곳에 머무는 세균까지 완전히 제거할 수는 없다. 멸균 장갑은 의사의 손이 환자의 몸에 직접 닿는 것을 막아 고결한 손이 감염의 매개가 되는 문제를 차단했다.

20세기 후반부터 의학계는 제멜바이스가 요구했던 손 씻기를 체계적이고 표준화된 시스템으로 구축했다. 손 위생 수칙 준수, 수술 전 체크리스트 확인, 항생제 오용 감시 등 병원 내 감염을 줄이기 위한 노력을 더 이상 의사 개인의 역량이나 양심에만 맡기지 않고, 표준화된 절차로 관리하는 데 초점을 맞추게 된 것이다.

오늘날에도 감염관리 시스템의 기본 수칙은 여전히 손 씻기로 통한다. 이는 **제멜바이스 리플렉스**라는 용어로 상징되는데, 새롭게 검증된 과학적 사실을 권위나 선입견 때문에 거부하는 경향을 뜻한다. 제멜바이스의 생애는 이러한 인간 본연의 오만과 오류에 대한 경고로 남아, 현대 의학이 끊임없이 자기반성과 시스템 개선을 이어가야 함을 일깨웠다.

현대 의학이 눈부신 발전을 이루었음에도 인류는 또 다른 도전에 직면해 있다. 항생제 남용으로 인해 항생제 내성을 지닌 슈퍼박테리아가 등장하면서, 병원 내 감염은 또다시 인류의 생명을 위협하는 심각한 문제로 떠올랐다.

항생제가 무력해진 상황에서, 의료진과 환자 모두가 감염 확산을 막기 위해 실천할 수 있는 가장 단순하면서도 확실한 방법은 여전히 손 씻기다. 21세기 코로나19 팬데믹 상황에서도 WHO는 최우선 예방책으로 손 씻기를 권고했다. 이는 제멜바이스의 황당한 주장이 두 세기가 지난 현재에도 변함없이 옳다는 사실을 보여준다.

6장 스스로 세균 배양액을 들이마시다

1980년대 초까지 위궤양은 문명의 질병 또는 스트레스의 질병으로 여겨졌다. 현대인 특유의 불안과 스트레스가 위산의 과다 분비를 유발하고, 그것이 위벽을 손상시켜 궤양으로 이어진다는 논리였다. 이 통념의 핵심은 '위산이 없으면 궤양도 없다'는 절대적 명제였고, 이는 위장병 전문의들의 진료 방식을 지배했다.

이른바 **위산 이론**은 가설에 그치지 않고 이를 뒷받침하는 생리학적 모델이 정교하게 구축되었다. 심리학자와 생리학자들은 스트레스가 자율신경계에 미치는 영향을 연구했는데,

특히 미주신경이 과도하게 자극될 경우 위산 분비가 급격히 증가한다는 사실을 확인했다. 이러한 연구들은 위산 과다 분비가 궤양을 유발한다는 교리에 논리적 근거를 제공했다.

그 결과 위궤양 치료는 감염 요인을 제거하는 일이 아니라 스트레스와 불안 등 환자의 내적 불균형을 바로잡는 심리·생리학적 문제로 여겨졌다. 의사와 연구자들은 환자의 위액을 채취해 산도를 측정한 뒤, 이를 바탕으로 개인의 성격이나 생활 방식을 분석하는 데 몰두했다.

위궤양 환자는 스트레스를 피하고, 담배를 끊고, 자극이 적은 음식을 먹으라는 권고를 받았다. 치료는 위산을 중화하는 제산제나 위산억제제를 장기간 복용하는 것이 전부였다. 그러나 이런 약물들은 증상을 완화시킬 뿐 병을 완치시키지 못했다. 위궤양은 끊임없이 재발해 환자들에게 만성적인 고통을 안겼다.

위궤양으로 생명을 위협할 만큼 출혈이 심해지거나 천공이 생긴 경우 의사들은 칼을 들었다. 당시 위궤양의 외과적 표준 치료법들 중 하나는 미주신경절제술이었다. 미주신경은 위산 분비를 자극하는 주요 신경이므로, 이를 절제하면 위산 분비가 줄어들 것이라는 논리였다. 실제로 이 수술은 위산 분비를 감소시키는 데 효과적이었지만 동시에 심각한 부작용을 초래했다. 미주신경은 소화 운동 전반을 관장하기 때문에 수술 후 환자들은 만성적인 소화 장애와 설사, 구토 같은 증상을 겪어야 했다.

이처럼 외과적 수술은 잔혹했고 약물 치료는 위궤양의 재발을 막지 못했다. 환자들은 통증과 만성적인 불안 속에서 살아야 했고, 의사들 역시 끝없이 되풀이되는 위궤양 앞에서 무력감을 느껴야 했다. 결국 위궤양은 고칠 수 없는 병, 평생 관리해야 하는 병이라는 인식이 의학계를 지배하게 되었다.

1982년 호주 로열 퍼스 병원의 두 의사가 위궤양 통념에 대치되는 가설을 의학계에 제기했다. 병리학자 **로빈 워런**은 1979년 만성위염 환자의 위 조직에서 정체불명의 **굽은 모양의 세균**curved bacilli을 처음 발견했다. 그는 다른 만성위염 환자들의 위에서도 동일한 세균이 관찰되는 것을 확인하며, 그것의 정체를 밝히려는 연구를 이어갔다.

1981년 워런의 연구팀에 합류한 임상연구원 **배리 마셜**은 이 **굽은균**이 주로 만성위염 환자에게서 발견된다는 사실에 주목했다. 당시 의학계가 만성위염의 원인을 규명하지 못하고 있던 상황에서, 마셜과 워런은 그것이 만성위염의 원인균일 수 있다는 가설을 세웠다. 나아가 내과 전공의였던 마셜은 많은 만성위염 환자에게서 위궤양이 함께 나타난다는 사실을 근거로, 굽은균이 위궤양과도 관련이 있을 수 있다고 보았다.

이들의 가설은 기존 통념에 비추어 볼 때 터무니없는 것이었다. 당시 의학계는 '위의 강한 산성 환경에서는 어떤 균도 살아남을 수 없다'고 믿었기 때문에, 마셜과 워런이 관찰한 굽은균은 조직 검사 과정에서 섞여 들어간 오염균이거나 관찰상의 착오에 불과한 것으로 여겼다.

사실 위에서 세균을 처음 발견한 사람은 워런이 아니었다. 1892년 이탈리아의 해부학자 **줄리오 비조제로**는 개의 위에서, 1899년 폴란드의 의사 **발레리 야보르스키**는 사람의 위에서 유사한 세균을 발견했다. 그러나 당시 그들의 발견은 주목받지 못했고 곧 잊혔다. 위는 무균 상태라는 통념이 워낙 강했기 때문에 현미경 아래에 드러난 증거조차 받아들여지지 않았던 것이다. 마셜과 워런은 잊힌 역사의 한 조각을 다시 주워 든 셈이었다.

마셜과 워런이 가설을 입증하려면 현미경으로만 관찰했던 굽은균을 환자의 위 조직에서 분리해 배양하는 과정이 필수적이었다. 배양된 균이 스스로 증식하는 것이 확인되어야만,

그것이 실제로 위염을 일으키는 원인균일 가능성에 대한 근거가 될 수 있었다. 그러나 균 배양 작업은 예상보다 훨씬 어려웠다. 마셜은 균을 배양하기 위해 수많은 시도를 했지만 모두 실패했다. 그러자 그들이 관찰한 굽은균이 위염과 무관한 오염균에 불과하다는 해석이 더욱 힘을 얻었다.

대부분의 세균은 우리가 숨을 쉬는 대기 환경처럼 산소가 풍부(산소농도 약 21%)하거나, 반대로 산소가 거의 없는 환경에서 증식한다. 훗날 밝혀진 사실이지만, 이 굽은균은 다른 세균과 달리 이러한 조건에서는 살아남지 못하고, 산소농도가 5~10% 수준일 때만 증식하는 특수한 성질을 지니고 있었다. 사람의 위 점막층 깊숙한 곳이 바로 이러한 환경이었다.

굽은균의 까다로운 증식 조건을 알지 못했던 마셜과 연구팀은 산소농도를 조절하지 않은 채 배양을 시도했다. 그 결과 균이 증식하지 못하고 계속 죽어 나갔던 것이다.

그러던 1982년 4월, 부활절 연휴 기간에 뜻밖의 일이 벌어졌다. 대부분의 세균은 2~3일이면 배양이 끝나기 때문에 마셜의 연구팀은 굽은균 배양 접시를 보통 3일째에 인큐베이터에서 꺼냈다. 그런데 연휴 동안 담당 연구원이 이를 깜빡 잊고 꺼내지 않았다. 그 결과 배양 접시는 5일 동안 인큐

베이터 안에 그대로 남아 있었고, 장시간 밀폐된 공간의 산소농도가 점차 낮아지면서 균이 증식할 수 있는 최적의 조건이 형성되었다.

연구원의 실수 덕분에 마셜은 마침내 굽은균 배양에 성공할 수 있었던 것이다. 이후 마셜과 워런은 이 균에 **캄필로박터 파일로리**Campylobacter pyloridis(굽은 모양의 세균을 의미)라는 이름을 붙였다. 그러나 균 배양의 성공만으로는 학계를 설득하기에 충분하지 않았다. 그들은 여러 학회에서 연구 결과를 발표했지만 의사들의 반응은 비웃음과 차가운 침묵뿐이었다.

마셜은 굽은균이 만성위염을 일으키고 위궤양으로 이어진다고 확신했지만, 학계가 요구하는 명확한 인과 관계를 입증하려면 인체 실험밖에는 방법이 없었다. 그러나 위산 이론이 의학계를 지배하던 당시, 위궤양을 일으키는 균의 존재를 입증하기 위해 임상시험 승인을 받는 것은 사실상 불가능했다.

결국 마셜은 의학사에서 가장 위험하면서도 용기 있는 결단 중 하나를 내렸다. 자신의 몸으로 인체 실험을 감행하기로 결정한 것이다. 아내를 비롯한 주변의 만류에도 불구하고 그는 신념을 굽히지 않았다.

1984년 4월 위내시경 검사로 자신의 위가 건강하다는 사실을 확인한 뒤, 마셜은 굽은균 배양액을 마셨다. 며칠 지나지 않아 몸에 극적인 변화가 나타났다. 그는 심한 구취와 구토, 그리고 위가 뒤틀리는 듯한 불편함을 느꼈고 증상은 시간이 지날수록 악화되었다.

균 배양액을 마신 지 열흘째 되던 날, 마셜은 다시 위내시경 검사를 받았다. 결과는 충격적이었다. 깨끗했던 위벽이 염증으로 뒤덮여 있었고, 조직 검사에서 굽은균이 대량 증식한 것이 확인되었다. 그는 스스로 급성 위염을 유발하는 데 성공했던 것이다. 마셜은 곧장 항생제를 복용하기 시작했다.

약물 치료를 이어 간 지 2주가 지나자 위염 증상은 거의 사라졌고, 내시경 검사에서도 위벽이 정상으로 회복된 것이 확인되었다. 이로써 마셜의 자가실험은 두 가지 사실을 입증했다.

첫째, 이 굽은균은 건강한 사람의 위에서도 염증을 일으킬 수 있다.

둘째, 이 염증은 항생제로 치료될 수 있다.

마셜의 자가실험은 비록 공식적인 임상시험으로 인정받을 수 없었지만 그의 신념을 뒷받침하는 결정적 증거가 되었다.

1984년 5월 마셜은 자가실험 결과를 들고 미국에서 열린 국제 소화기질환 학술대회의 무대에 올랐다. 그는 수백 명의 소화기 전문의들 앞에서 자가실험 과정과 결과를 발표하며, 굽은균이 위염과 위궤양의 원인일 수 있다는 주장을 펼쳤다. 그러나 그의 주장에 고개를 끄덕이는 의사는 거의 없었다. 오히려 그의 연구가 윤리적으로 부적절하고 과학적 방법론을 따르지 않았다는 비판이 쏟아졌다. 마셜이 자신의 신념을 굽히려 하지 않았던 것처럼 의사들 역시 위산에 대한 신념을 굽히려 하지 않았던 것이다.

1984년 6월 마셜과 워런은 자가실험 결과를 포함한 논문 《위염 및 소화성 궤양 환자의 위에서 발견된 정체불명의 굽은 세균Unidentified curved bacilli in the stomach of patients with gastritis and peptic ulceration》을 의학 저널 《랜싯》에 발표했다. 초기 반응은 여전히 회의적이었지만, 두 사람이 축적한 임상 데이터는 시간이 갈수록 반박할 수 없는 진실을 드러냈다.

당시 위궤양의 표준 치료법이었던 위산억제제 요법은 궤양을 잠시 아물게 할 뿐, 재발률이 워낙 높아 환자들은 사실상 평생 약에 의존해야 했다. 반면, 여러 임상 연구에서 굽은균 감염을 항생제로 치료하면 재발률이 획기적으로 감소한다는 사실이 확인되면서 위궤양 완치의 길이 열렸다.

이처럼 극적인 결과 앞에서는 의학계의 학문적 자존심도

오래된 통념도 더는 힘을 발휘하지 못했다. 의사들은 위궤양을 평생 달고 살아야 할 고질병이 아닌, 완치 가능한 감염병으로 받아들이기 시작했다. 그러나 과학적 진실이 곧바로 의료 현장에서 자리 잡은 것은 아니었다. 1980년대는 위산억제제가 의약품 시장에서 막대한 이익을 내던 시기였고, 마셜과 워런의 발견은 기존 치료 방식에 변화를 요구하는 것이었다.

일부 제약사는 항생제 치료의 한계와 부작용을 강조하는 자료를 의사들에게 배포하며 신중론을 부추겼고, 위산억제제의 안전성과 편의성을 내세우는 홍보 활동을 강화했다. '안전한 위산 억제제가 있는데, 왜 부작용과 내성을 일으킬 수 있는 항생제를 써야 하는가?'라는 것이 그들의 주장이었다.

이러한 산업적 이해관계와 기존 치료 방식의 관성은 의학계가 진실을 받아들이는 속도를 수년간 늦추었다. 그러나 항생제 치료를 받은 환자들의 위궤양 재발률이 현저히 감소했다는 임상 결과가 쌓여 가자, 의사들은 결국 마셜과 워런의 편에 설 수밖에 없었다.

이후 여러 연구 그룹에서 굽은균을 유전적으로 정밀 분석한 결과 이 균이 캄필로박터에 속하는 균들과는 확연히 다른 계통에 속하며, 나선 모양을 띤다는 사실이 확인되었다. 이에 따라 1989년 **헬리코박터 파일로리**Helicobacter pylori(나선 모양의 세균을 의미)라는 새로운 학명을 부여받았다.

헬리코박터 파일로리가 위의 강한 산성 환경에서 생존할 수 있는 원인도 규명되었다. 이 균은 위 점액층의 특정 성분을 분해해 염기성을 띠는 얇은 보호막을 만드는 능력을 지니고 있었다. 마치 균이 스스로 주변에 안전 구역을 만들고, 그 안에 숨어 지내는 것처럼 위산의 공격을 피한다는 사실이 밝혀진 것이다.

1994년 미국 국립보건원은 헬리코박터 파일로리를 위궤양의 주요 원인균으로 공식 인정하고 항생제 기반 치료를 권고했다. 이후 마셜과 워런의 연구는 전 세계 수많은 임상시험을 통해 재차 검증되었고, 2005년 두 의사는 노벨 생리의학상을 공동 수상했다.

마셜과 워런이 발견한 헬리코박터 파일로리는 위궤양을 '치료 불가능한 만성 질환'에서 '완치 가능한 감염병'으로 바꾸어 놓았다. 위궤양 환자는 더 이상 위절제술이나 미주신경 절제술 같은 위험하고 고통스러운 수술을 받지 않게 되었고, 위장병 전문의의 주요 임무는 만성 환자를 관리하는 것에서 헬리코박터 파일로리 감염을 진단하고 항생제 치료를 하는 것으로 바뀌었다.

경제적인 측면에서도 마셜과 워런의 업적은 기념비적이었다. 과거 위궤양 환자들은 평생 위산억제제를 복용하고, 증상이 심해질 때마다 입원과 내시경 검사를 반복하며 막대한 의료비를 지출해야 했다. 그러나 약 2주간의 항생제 치료만으로 사실상 완치가 가능해지면서 전 세계적으로 의료비 절감 효과에 대한 보고가 이어졌다. 이는 환자 개인의 고통을 덜어준 것을 넘어, 의료 자원의 낭비를 막고 공중 보건 체계를 훨씬 효율적으로 만든 의학적 승리였다.

한편, 진보에는 역설도 따랐다. 헬리코박터 파일로리가 박멸되면서 위궤양은 완치되었지만 새로운 문제가 떠오른 것이다. 헬리코박터 파일로리는 위산 분비를 일부 억제하는 기능을 지닌 것으로 밝혀졌다. 그런데 이 균이 사라지자 일부 환자에게서 위산이 과다 분비되어 위식도역류질환과 식도선암 발병률이 증가했다는 연구 결과가 다수 보고되었다. 헬리코박터 파일로리는 위궤양과 위암의 주범이지만, 위와 식도의 연결 부위에서는 일부분 유익한 역할을 했던 셈이다.

이처럼 하나의 균이 상황에 따라 해로울 수도, 유익할 수도 있다는 사실은 인체가 수많은 미생물과 상호 작용하며 살아가는 복잡한 생태계임을 보여준다. 중요한 것은 균을 무조건 없애는 것이 아니라 어떤 균이 어떤 환경에서 어떤 작용을 하는지 이해하고 균형을 유지하는 일이다. 같은 균이라도 사람마다 영향이 달라지기 때문에 앞으로의 의학은 더 정밀한 진단과 개인 맞춤 치료로 나아가야 한다는 점도 마셜과 워런의 발견이 남긴 중요한 교훈이다.

결국 옳았던 그들의 황당한 주장

3부 지구가 태양 주위를 돈다는 황당한 주장

7장 그래도 지구는 돈다

과학의 역사를 통틀어 가장 거대하고 굳건했던 통념을 꼽으라면 단연 **천동설**(지구중심설)일 것이다. 지구는 우주의 중심이며 태양과 달, 그리고 모든 행성과 별들이 지구를 중심으로 원을 그리며 돈다고 본 이 세계관은 무려 2,000년 가까이 서구 문명을 지배했다.

천동설은 과학적 모델을 넘어 인간의 존재론적 위치와 종교적 권위를 지탱하는 기둥이었다. 인간이 신의 형상대로 창조된 만물의 영장이라면, 인간이 사는 지구가 우주의 중심이라는 믿음은 당연한 진리로 받아들여졌다.

고대 그리스의 철학자 **아리스토텔레스**와 천문학자 **프톨레마이오스**가 정립한 천동설의 근저에는 **지상계**와 **천상계**를 엄격히 구분하는 이분법적 세계관이 자리하고 있었다. 아리스토텔레스는 지구를 중심에 두고, 달의 궤도를 경계로 우주를 두 영역으로 구분했다.

달 궤도 아래의 지상계는 '흙, 물, 공기, 불'의 네 가지 원소로 이루어져 있으며, 끊임없이 변화하고 소멸하는 불완전한 영역이다. 각 원소는 본성에 따라 자연적 운동을 하는데 무거운 원소(흙, 물)는 우주의 중심을 향하고, 가벼운 원소(공기, 불)는 중심에서 멀어진다. 지구는 가장 무거운 원소인 흙으로 이루어져 있기 때문에, 무거운 원소가 모여드는 우주의 중심에 정지해 있는 것이 자연스러운 상태로 여겨졌다.

달 궤도 위의 천상계는 다섯 번째 원소인 **아이테르**aether로 이루어져 있으며, 변하지 않고 소멸하지도 않는 완전한 영역이다. 천상계의 모든 행성과 별은 완전한 **구** 형태로 존재하며, 지구를 중심으로 완전한 원운동을 한다. 천상계에는 여러 겹으로 배열된 **천구**가 존재하고, 각 천구는 완전한 원을 그리며 지구를 중심으로 회전한다. 행성과 별은 천구 표면에 붙어 있고, 이들의 원운동은 천구가 회전하는 데서 비롯된다.

이러한 아리스토텔레스의 우주 모델은 중세 유럽 사회에

서 기독교 교리와 결합하며 절대적인 권위를 갖게 되었다. '지구는 흔들리지 않는다'는 성경의 기록과 '하늘의 만물이 인간을 위해 존재한다'는 신학적 해석은 천동설의 세계관과 부합했다.

천동설은 일상의 경험과도 잘 들어맞았다. 매일 해와 달이 뜨고 지는 모습을 보면 인간이 서 있는 지구는 미동도 하지 않고, 하늘이 움직이는 것이 분명해 보였다. 그러나 실제 관측에서는 아리스토텔레스의 우주 모델로 설명하기 어려운 현상도 나타났다. 언제나 일정한 방향으로만 움직이는 다른 별들과 달리, 수성·금성·화성·목성·토성 등 각 행성은 때때로 잠시 멈추었다가 반대 방향으로 움직이는 듯한 모습을 보였다. 천상계의 행성들이 완전한 원운동을 하지 않고 불완전한 움직임을 보였던 것이다.

이러한 현상을 설명하기 위해 프톨레마이오스는 정교한 기하학적 모델을 고안했다. 그는 행성이 지구를 중심으로 도는 **큰 원**(주원) 위에서, 다시 **작은 원**(주전원)을 그리며 움직인다고 보았다. 즉, 행성이 큰 원을 따라 움직이면서 동시에 작은 원을 그리기 때문에 지구에서 볼 때는 잠시 역행하는 듯한 모습을 보인다고 생각한 것이다. 이른바 프톨레마이오스의 주전원 모델은 비록 복잡하기는 했지만, 불규칙해 보이는 행성의 움직임을 '지구가 곧 우주의 중심'이라는 대전제 안에서 설명할 수 있었기 때문에 의심받지 않았다.

16세기 초 폴란드의 성직자이자 천문학자 **니콜라우스 코페르니쿠스**는 프톨레마이오스가 남긴 주전원 모델의 복잡함에 숨이 막힐 지경이었다. 이 우주 모델은 행성의 위치를 예측하기 위해 수십 개의 원을 겹쳐 사용해야 했고, 시간이 지날수록 점점 더 많은 보조 원을 필요로 했다. 코페르니쿠스에게 우주는 신의 완벽한 창조물이 아니라 마치 임시로 덧댄 부품들로 굴러가는 낡은 기계 장치처럼 보였다.

코페르니쿠스는 천동설을 완전히 뒤집는 발상으로 우주의 현상을 단순하고 조화롭게 설명했다. 그는 태양이 우주의 중심에 고정되어 있으며, 지구를 비롯한 모든 행성들은 태양을 중심으로 회전한다고 보았다. 또한 하늘이 지구를 중심으로 회전하는 것이 아니라 지구가 스스로의 축을 중심으로 회전한다고 생각했다.

이러한 **지동설**(태양중심설) 관점에서 보면 행성의 역행 운동은 주전원 때문이 아니라 지구와 다른 행성 간의 공전 속도 차이에서 비롯된 현상으로 설명할 수 있었다. 또한 밤하늘의 별들이 동쪽 하늘에서 사라졌다가 다음날 서쪽 하늘에서 다시 나타나는 현상은, 지구가 하루에 한 번 자전한다는 사실로 쉽게 설명할 수 있었다.

그러나 코페르니쿠스는 자신의 혁명적인 이론을 평생 공개적으로 드러내지 않았다. 그의 연구는 은밀하게 소수의 지인들 사이에서만 공유되었다. 지동설은 단순한 천문학 가설이 아니라 교회의 권위와 아리스토텔레스의 세계관을 뒤흔드는 도전이었다. 코페르니쿠스는 그로 인해 닥칠 수 있는 비난과 탄압을 두려워했다.

결국 그의 저서 『천구의 회전에 관하여De revolutionibus orbium coelestium』가 세상의 빛을 본 것은 1543년, 그가 세상을 떠난 바로 그해였다. 책의 출판을 맡았던 성직자 **안드레아스 오시안더**는 지동설이 불러올 교회와 사회의 파문을 두려워했다. 출판 직전 그는 코페르니쿠스의 허락 없이 서문에 '이 가설들이 참일 필요는 없으며, 관측과 일치하는 계산을 제공하기만 하면 그것으로 충분하다'라는 모호한 설명문을 덧붙였다고 전해진다.

덴마크의 귀족 천문학자 **티코 브라헤**는 고대 프톨레마이오스 시대부터 천문학자들이 축적해 온 행성과 별의 관측 기록에 심각한 오차가 존재한다는 사실을 인식했다. 행성의 위치와 회합주기(지구에서 볼 때 같은 위치로 되돌아오는 데 걸리는 시간) 등의 관측값이 기록마다 서로 다를 뿐만 아니라 브라헤 자신이 관측한 값과도 맞지 않았다. 그는 이러한 오차가 계산상의 문제가 아니라 육안 관측의 한계에서 비롯된 것으로 보았다.

브라헤는 지동설이든 천동설이든 그 타당성은 정밀한 관측값을 통해서만 검증될 수 있다고 보았다. 그는 덴마크 왕실의 후원과 자신의 사재를 들여 당대 유럽 최고 수준의 천문대 **우라니보르그**를 건설했다. 또한 망원경이 없던 시대에 맨눈으로 관측할 수 있는 고정밀 기구들을 직접 제작해 우주의 움직임을 기록했는데, 브라헤의 관측 정밀도는 오늘날에도 맨눈 관측의 절정으로 평가된다.

1572년 브라헤는 카시오페이아 별자리에 나타난 새로운 별을 발견했다. 관측기구 없이 맨눈으로 볼 수 있을 만큼 다른 별들보다 유난히 밝은 초신성이었다. 그는 이 별이 달의 궤도보다 훨씬 먼 곳에 존재한다는 사실을 정밀한 관측으로 확인했다.

아리스토텔레스에 따르면 천상계는 변하지 않는 영역이므로, 새로운 별의 등장은 당시 천문학으로는 설명할 수 없는 현상이었다. 브라헤는 초신성 관측 결과를 담은 『새로운 별에 관하여De nova stella』를 출간하며, 천상계는 불변한다는 절대적 진리에 의문을 제기했다.

뒤이어 1577년 브라헤는 긴 꼬리를 달고 이동하는 혜성을 발견했다. 당시 혜성은 지상계에서 일어나는 일시적 현상으로 여겨졌지만, 그는 이 혜성 역시 달의 궤도보다 훨씬 멀리 떨어진 천상계 영역을 지나고 있다는 사실을 확인했다.

그런데 혜성의 궤적을 계산해 보니 여러 겹의 천구를 가로질러 이동하는 것처럼 보였다. 아리스토텔레스에 따르면 천구는 단단한 아이테르로 이루어져 있기 때문에, 혜성이 천구를 뚫고 통과하는 것은 물리적으로 불가능했다. 브라헤는 천구의 존재를 의심하지 않을 수 없었다.

1588년 브라헤는 『최근 천상계에서 나타난 현상들에 관하여De mundi aetherei recentioribus phaenomenis』를 출간했다. 이 책에서 그는 혜성 관측 결과를 바탕으로, 단단한 천구의 존재를 부정함으로써 아리스토텔레스와 프톨레마이오스의 천동설을 뒤흔들었다.

천구가 존재하지 않는다는 브라헤의 주장은 '그렇다면 행성과 별은 어디에 붙어 있고 어떤 원리로 움직이는가?'라는 새로운 문제를 낳았다. 이는 천문학계에서 뜨거운 논쟁거리로 떠올랐다. 이에 대해 브라헤는 천동설보다 지동설이 행성의 운동을 더욱 단순하게 설명한다는 점을 인정했지만, 끝내 지동설을 받아들이지는 않았다. 그 이유는 크게 두 가지였다.

첫째, 만약 지구가 공전한다면 지구에서 별을 바라보는 상대적 위치가 달라지기 때문에 별의 위치도 조금씩 이동하는 것처럼 보여야 한다. 우리가 손가락을 코앞에 들고 왼쪽 눈으로만 보았을 때와 오른쪽 눈으로만 보았을 때, 마치 손가락의 위치가 약간 달라진 것처럼 보이는 현상과 같은 원리이다. 당시의 관측 기술로는 브라헤가 이러한 현상을 확인할 수 없었다.

둘째, 만약 지구가 자전한다면 높은 곳에서 떨어지는 돌은 수직 낙하하지 않고 비켜 떨어져야 한다. 공중에 떠 있는 새나 구름은 지구가 회전하는 방향으로 끌려가는 모습을 보여야 한다. 당시의 물리학은 관성과 중력에 대한 이해가 없었기 때문에 지구가 움직인다면 이러한 현상들이 나타나야 한다고 여겼다. 그러나 브라헤는 이 또한 확인할 수 없었다.

결국 브라헤는 지구를 우주의 중심에 두되, 태양이 지구를 중심으로 회전하고 다른 행성들은 태양을 중심으로 회전한다는 **수정된 천동설**을 제시했다. 이는 지동설로 설명되는 현상과 천동설로 설명되는 현상을 절충해 마련된 현실적 대안으로 받아들여졌다.

브라헤가 20여 년에 걸쳐 축적해 온 방대한 관측 자료는 그가 세상을 떠난 직후인 1601년, 독일의 수학자이자 천문학자 **요하네스 케플러**에게 인계되었다. 당시 브라헤는 신성 로마 제국의 궁정 천문학자였고 케플러는 그의 조수였다. 브라헤가 죽은 뒤 케플러가 궁정 천문학자로 임명되면서 이 귀중한 관측 자료를 직접 다룰 수 있게 되었다.

케플러는 브라헤의 관측 자료를 바탕으로 행성의 움직임을 가장 정확하게 설명할 수 있는 우주 모델이 무엇인지 찾고자 했다. 그는 천동설과 지동설을 포함해 여러 가설을 하나씩 시험했다. 그 과정에서 행성이 태양에 가까워질수록 속도가 빨라지고 태양에서 멀어질 때는 속도가 느려진다는 사실을 확인했다.

케플러가 행성의 속도 변화를 수학적으로 분석한 결과, 행성이 지구를 중심으로 완전한 원을 그리며 회전한다고 가정했을 때는 그 현상을 설명할 수 없었다. 반면, 행성이 태양 주위를 타원을 그리며 돈다고 가정했을 때는 행성의 속도 변화를 정확히 설명할 수 있었다. 이러한 연구 과정에서 케플러는 지동설이 행성의 실제 움직임을 가장 정확히 설명한다는 결론에 이르렀다.

케플러의 연구로 당대의 우주관은 점차 지동설로 기울었

지만, 천문학계는 지구가 실제로 움직이는 모습을 직접 확인할 수 없었기 때문에 지동설이 옳다고 단정하지는 못했다.

1609년 이탈리아의 수학자이자 물리학자, 그리고 천문학자였던 **갈릴레오 갈릴레이**는 네덜란드에서 전해진 망원경 제작법을 바탕으로 고배율 망원경을 직접 제작했다. 그는 망원경으로 하늘을 관측하며 기존의 천문학으로는 설명할 수 없는 여러 현상들을 확인했다.

- 달 관측: 천상계의 첫 번째 천체인 달은 매끄럽고 완전한 구 형태로 존재해야 했다. 그러나 갈릴레오가 망원경으로 관측한 달은, 지구 표면의 산과 계곡처럼 굴곡이 뚜렷한 지형을 가진 불완전한 모습이었다.

- 태양 관측: 갈릴레오는 태양의 표면에서 어두운 얼룩처럼 보이는 흑점들을 발견했다. 이는 태양이 완전하고 결점 없는 천체가 아니라는 것을 의미했다. 또한 그는 흑점들이 시간이 지남에 따라 이동한다는 사실도 확인했다. 이는 태양이 자전한다는 증거로, 천상계가 변하지 않는 완전한 영역이라는 믿음에 반하는 현상이었다.

- 목성 관측: 갈릴레오는 목성 주변을 공전하는 네 개의 작은 천체를 발견했다. 이는 우주의 모든 천체가 지구를 중

심으로 회전한다는 천동설의 대전제를 흔드는 것이었다. 즉, 지구 이외의 공전 중심도 존재할 수 있음이 확인된 것이다.

- 금성 관측: 금성은 달처럼 차고 기울어지는 위상 변화를 보였다. 이는 금성이 태양을 중심으로 회전할 때, 지구와의 상대적 위치가 바뀌면서 태양 빛을 받는 면적이 달라지기 때문에 나타나는 현상이다. 그 원리는 달의 위상 변화와 동일하다. 지구에서 볼 때 금성이 태양과 거의 같은 방향(태양-금성-지구)에 놓이면 태양 빛을 받는 면적이 좁아 초승달처럼 보인다. 반면, 금성이 태양의 반대편에 가까워질 때(금성-태양-지구)는 밝은 면이 넓게 드러나 보름달처럼 보인다. 그런데 천동설에서는 태양과 금성이 모두 지구를 중심으로 회전하기 때문에 금성은 항상 지구와 태양 사이(태양-금성-지구)에 머물러야 한다. 따라서 금성이 태양 뒤편으로 이동해 보름달에 가까운 위상을 보이는 것은 불가능하다.

1610년 갈릴레오는 이러한 관측 결과를 담은 『별들의 메신저 Sidereus Nuncius』를 출간하며 아리스토텔레스의 우주관에 큰 충격을 주었다. 이 책에서 갈릴레오가 지동설을 직접 주장하지는 않았지만 그 내용은 코페르니쿠스의 지동설을 뒷받침하기에 충분했다. 이를 계기로 갈릴레오는 천문학계와 유럽 전역에서 큰 명성을 얻었고, 지동설을 둘러싼 논쟁도 빠르게 확대되었다.

지동설을 둘러싼 논쟁이 커지자 이 문제는 교회 내부에서 신학적 검토 대상으로 떠올랐다. 일부 신학자들은 갈릴레오의 관측과 그에 대한 해석이 성경과 충돌한다는 이유로 이단 가능성을 제기했고, 교황청은 이를 판단하기 위해 공식 심사 절차를 진행했다.

1616년 교황청은 지동설을 성경과 신앙에 모순되는 학설로 규정하며, 이를 단순한 가설로만 취급할 것을 명령했다. 또한 갈릴레오에게는 지동설을 사실로 단정하거나, 이를 가르치고 옹호하는 모든 행위를 즉시 중단하라고 명령했다.

이후 갈릴레오는 공식적으로 지동설을 주장하지 않았지만, 천문 관측과 역학 연구를 계속 이어가며 지구가 움직인다는 사실을 뒷받침할 관측 자료와 과학적 근거를 축적해 나갔다.

1632년 갈릴레오는 『두 가지 중요한 우주 체계에 관한 대화Dialogo sopra i due massimi sistemi del mondo』를 출간하며 다시금 지동설 논쟁의 중심에 섰다. 이 책은 두 인물, 천동설을 지지하는 **심플리치오**와 지동설을 지지하는 **살비아티**의 대화 형식으로 구성되어 있었다. 겉으로는 두 가지 우주 체계를 객관적으로 비교하고 토론하는 형식을 취했지만, 실질적으로는 지동설을 지지하는 내용이었기 때문에 교회의 심기를 크게 건드렸다.

살비아티: "행성들의 운동, 가속과 감속, 앞으로 갔다가 뒤로 가는 역행, 이 모든 것이 지구가 움직인다고 가정할 때 가장 자연스럽게 설명됩니다."

심플리치오: "하지만 그런 불규칙한 움직임들은 언제나 주전원으로 설명되어 왔습니다."

살비아티: "설명되었다고요? 감춰졌던 것이 아니고요? 주전원은 현상을 끼워 맞추기 위해 끝없이 새로운 원을 덧대야 하는 임시방편일 뿐입니다."

더 큰 문제는 당시 교황이던 **우르바노 8세**가 과거 지동설 논쟁에서 직접 했던 발언을, 갈릴레오가 심플리치오의 입을 통해 그대로 인용했다는 점이다.

"하나님께서는 그분의 무한한 능력으로, 심지어 우리 인간이 이해할 수 없는 방식으로까지, 자연 현상들을 무한한 방법으로 만들어내실 수 있다. 그러므로 인간이 하나님께서 실제로 어떤 방식을 선택하셨는지 단정하는 것은 허용되지 않는다."

심플리치오는 대화 전체에서 고집스럽고 논리적 일관성이 부족한 인물로 묘사되었다. 따라서 그의 입을 통해 교황의 말을 반복하게 한 것은 교황을 우둔하거나 무지한 인물로 보이게 만들었고, 이에 교황은 크게 분노했다.

결국 1633년 갈릴레오는 지동설 금지령을 어긴 혐의로 종교재판에 회부되었다. 재판부는 고문 위협을 비롯한 강한 압력을 행사하며 그에게 지동설 지지를 철회하라고 요구했다. 갈릴레오는 끝내 그들의 뜻에 따를 수밖에 없었다. 그는 가택연금 처분을 받았고 책은 금서로 지정되었다. 이후 1642년 그가 사망할 때까지 가택연금 조치는 풀리지 않았다.

그러나 갈릴레오가 다시 지핀 지동설의 불씨는 꺼지지 않았다. 교회의 탄압으로 공개적인 논의는 한동안 멈추었지만, 지구가 움직인다는 사상은 조용히 유럽 과학계의 중심으로 스며들었다.

지동설이 과학적 진실로 자리 잡기까지 가장 큰 난제는 '행성이 왜, 그리고 어떻게 태양 주위를 돌며 그 자리를 유지하는가?'라는 질문이었다. 당시 누구도 이 질문에 설득력 있는 답을 내놓지 못했다.

천동설은 행성이 지구 중심의 천구에 붙어 회전한다고 보았기 때문에, 그 움직임의 원리를 깊이 설명할 필요가 없었다. 그러나 만약 지동설이 옳다면, 행성이 태양 주위를 돌게 하고 궤도에 머물도록 붙잡아 두는 힘이 존재해야 했다. 그렇지 않다면 행성은 어딘가로 떨어지거나 우주 밖으로 튀어

나갈 것이기 때문이다.

1687년 영국의 물리학자 **아이작 뉴턴**은 『자연철학의 수학적 원리Philosophiæ Naturalis Principia Mathematica』에서 만유인력의 법칙을 제시하며, 우주에 존재하는 모든 물체는 질량을 가진 다른 물체를 끌어당긴다는 사실을 수학적으로 증명했다. 즉, 사과를 땅에 떨어지게 하는 힘과 행성을 궤도에 붙잡아 두는 힘이 본질적으로 똑같다는 사실을 밝혀낸 것이다.

뉴턴에 따르면 행성의 운동은 속도와 방향을 유지하려는 관성 때문에 직선으로 계속 나아가려 한다. 그와 동시에 태양이 행성을 끌어당기는 만유인력이 작용하며, 이는 행성의 운동 방향을 태양 쪽으로 끊임없이 휘게 만든다. 이처럼 관성과 인력이 상호 작용한 결과, 행성은 태양을 향해 떨어지지 않고 우주 밖으로 날아가지도 않은 채 태양 주위를 돌게 된다.

뉴턴의 통찰은 우주 전체를 하나의 기계적 시스템으로 완성했다. 더 이상 천상계는 아리스토텔레스가 말한 완전하고 신비한 영역이 아니었다. 그곳은 질량과 힘, 그리고 수학적 법칙에 따라 움직이는 거대한 시계 장치와 다를 바 없었다. 지동설은 뉴턴의 손을 거쳐 더 이상 이단적 가설이 아닌, 우주의 움직임을 설명하는 자연법칙으로 자리 잡게 되었다.

지동설의 승리가 세상에 미친 가장 큰 영향은 인간 중심의 세계관, 즉 인류의 존재론적 위치의 변화였다. 천동설 아래에서 지구는 우주의 중심에 고정되어 있었고, 이는 인간이 신의 관심과 섭리의 중심에 놓여 있다는 종교적 믿음을 반영했다. 그러나 지동설은 인간이 사는 지구를 수많은 행성 중 하나로, 우주의 중심이 아닌 태양 주위를 도는 평범한 천체로 만들었다.

이러한 지적 충격은 인류의 사고방식에 격변을 일으켰다. 지구의 중심 이동은 곧 권위의 이동을 의미했다. 신학과 고대 철학의 권위에 의존해 왔던 진리의 기준이 이성과 경험적 관찰이라는 과학적 방법론으로 옮겨갔다. 이는 18세기 유럽을 휩쓴 계몽주의 사상의 토대가 되었다.

뉴턴이 우주의 질서를 수학적 언어로 설명하자 철학자들 사이에서 '신은 존재하되 세상에 개입하지 않는다'는 이신론적 사고가 확산되었다. 이로써 우주는 전지전능한 신에 의해 움직이는 초자연적 체계가 아니라 자연법칙에 따라 질서정연하게 움직이는 합리적 체계로 인식되기 시작했다.

8장 대륙은 한자리에 머물지 않는다

20세기 초 지질학계는 지구가 형성된 이래 본래의 모습이 크게 변하지 않았으며, 인류 문명의 터전인 대륙은 한자리에 고정된 상태로 머문다고 여겼다. 이에 지질학자들은 지구의 역사를 두 가지 이론으로 설명했다.

첫째는 **지구수축설**이었다. 이는 지구가 형성된 후 내부의 열이 식어가면서 부피가 점차 줄어들었고, 그 과정에서 표면에 주름처럼 굴곡이 생겨 산맥이 형성되었다고 보는 이론이다. 흔히 사과가 마르면서 껍질에 주름이 생기는 현상에 비유되었다. 지구수축설에 따르면 대륙은 수평 이동하지 않으며, 산맥 형성이나 지층 변형과 같은 지질 현상은 지각이 위로 솟아오르거나 아래로 가라앉는 수직적 변형에 의해서만 일어난다.

둘째는 **지향사설**로, 지구수축설을 보완하며 지질학 연구의 근간을 이루었다. 지향사란 바닷속의 거대한 퇴적 분지에 쌓인 두꺼운 퇴적층을 뜻한다. 지향사설은 이 지향사가 횡압력을 받아 솟아올라 산맥이 형성되었다고 보는 이론이다. 당대의 지질학자들은 세계 각지의 지질 구조와 암석에 관한 연구를 지향사설에 근거해 진행하고 있었다.

1912년 독일의 기상학자이자 극지 탐험가 알프레트 베게너는 논문 《대륙의 기원Die Entstehung der Kontinente》에서 "모든 대륙들이 과거 거대한 **단일 대륙**Urkontinent을 이루었다가 점차 갈라져 현재의 위치로 표류했다"고 주장했다.

이른바 베게너의 **대륙이동설**은 당시 지질학계를 지배하던 지구수축설과 지향사설을 뿌리부터 뒤흔드는 발상이었다. 대륙이 중력에 의해 고정되어 움직이지 않는다고 믿었던 당대의 과학자들은, 이를 '대륙이 바다 위를 떠다니듯 이동한다'는 식의 황당한 주장으로 받아들였다. 특히 지질학자들의 눈에 비친 베게너는 한낱 아마추어에 불과했다. 그는 기후를 연구하는 학자였지 지질학자가 아니었기 때문이다. 이방인이 지질학의 성역을 침범하자 조롱과 비난이 쏟아졌다.

베게너는 대륙이동설을 뒷받침하기 위해 지구과학의 여러 분야를 아우르는 융합적 접근을 시도했다. 그가 제시한 증거들은 당시 지질학자들이 각자의 전문 분야에 갇혀 파악하지 못했던, 여러 학문 분야를 관통하는 단서들이었다.

베게너가 주목한 가장 직관적인 단서는 남아메리카 대륙과 아프리카 대륙의 해안선이 마치 정교하게 제작된 퍼즐 조각처럼 서로 맞물린다는 점이었다. 주류 지질학자들은 이러한 일치를 단순한 우연으로 일축했다. 베게너는 해안선뿐만 아니라 해수면 아래에 감춰진 대륙붕의 경계까지 조사했다. 그 결과 두 대륙의 대륙붕 경계는 해안선보다 더 정확하게 들어맞았다. 이는 두 대륙이 한때 하나의 땅덩어리였음을 보여주는 강력한 증거였다.

더 나아가 베게너는 대륙 간 지질 구조의 연속성도 밝혀냈다. 대서양의 양쪽 대륙에는 서로 연결되어 있었던 흔적이 뚜렷이 남아 있었다. 예컨대 북아메리카 동부의 애팔래치아산맥과 북유럽의 칼레도니아산맥은 지층 구성과 암석 구조가 거의 동일했다. 이 산맥들은 두 대륙이 과거 하나로 붙어 있었던 시기에 형성되었다가 대서양이 갈라지며 둘로 분리된 흔적이었다. 그렇지 않다면 수천 킬로미터 떨어진 두 대륙에 동일한 형성 과정을 거친 산맥이 존재할 수 없었다. 베게너는 이러한 지질학적 연속성을 근거로 두 대륙이 과거에 한 몸을 이루었다고 결론지었다.

베게너는 생물학적 증거에서도 대륙이동설을 반박하기 어려운 단서들을 찾아냈다. 당시 지질학자들은 멀리 떨어진 대륙에서 동일한 종의 화석이 발견되는 현상을 **육교설**로 설명했다. 육교설에 따르면 과거 두 대륙을 잇는 단단한 육교가 바다 위에 존재했기 때문에 동물들이 자유롭게 대륙을 이동할 수 있었다. 그런데 어느 날 알 수 없는 이유로 육교가 바닷속으로 가라앉아 사라졌다는 것이다. 이는 지질학적 근거가 전혀 없는 가설이었다.

반면, 베게너는 이러한 화석 문제를 대륙이동설로 그보다 자연스럽게 설명할 수 있었다. 예컨대 담수에서만 서식하던 작은 파충류 **메조사우루스**의 화석이 남아메리카 남부와 아프리카 남서부에서 발견되었다. 이 생물은 바다를 헤엄쳐 건널 수 없었기 때문에 두 대륙이 한때 붙어 있지 않았다면 동일한 종의 화석이 양쪽에서 발견될 이유가 없었다. 양치식물인 **글로소프테리스**의 화석은 남아메리카, 아프리카, 인도, 호주,

심지어 남극 대륙까지 남반구 전역에 걸쳐 분포했다. 이는 한때 이들 대륙이 남극 주변에 모여 있었음을 시사했다.

이처럼 지질학적·생물학적 증거가 모두 대륙이동설을 뒷받침했지만, 당대의 지질학자들은 대륙이 움직이지 않는다는 틀에 모든 증거를 끼워 맞추려 했다.

베게너가 제시한 대륙이동설의 증거 가운데 가장 결정적인 것은 기후학적 증거였다. 오늘날 아프리카의 사막 지대나 인도의 열대 지역에서 2억 5천만~3억 년 전의 것으로 추정되는 빙하줄무늬(긁힌 자국)와 빙퇴석(빙하가 남긴 퇴적물)이 발견되었다. 당시 지질학자들은 이 지역들이 과거 얼음으로 뒤덮였을 가능성을 고려하지 않았기 때문에, 따뜻한 지역에서 고대 빙하의 흔적이 발견되는 이유를 설명할 수 없었다.

베게너는 이러한 현상 역시 대륙이동설로 쉽게 설명했다. 그는 모든 대륙이 한때 남극 주변에 모여 있었기 때문에 광범위한 빙하로 덮여 있었을 것으로 보았다. 이후 수억 년에 걸쳐 대륙들이 적도 방향으로 서서히 이동해 지금의 따뜻한 위치에 도달하자, 빙하가 녹으면서 그 흔적이 지표에 그대로 남게 된 것이다.

베게너의 주장은 화석과 지질 구조, 그리고 기후학적 증거 등으로 강력히 뒷받침되었지만 치명적인 약점도 있었다. 그것은 '대륙을 움직이게 하는 힘이 무엇인가?'라는 질문에 설득력 있는 답을 내놓지 못했다는 점이다.

베게너는 대륙이 해양지각 위를 미끄러지듯 이동한다고 보았다. 그는 대륙을 움직이는 힘으로 달·태양의 조석력과 지구 자전에 따른 원심력을 제시했다. 그러나 영국의 지구물리학자 **헤럴드 제프리스**가, 조석력과 원심력으로는 지구 맨틀의 점성과 강성 등을 극복할 수 없기 때문에 대륙지각을 움직이게 하는 것은 물리적으로 불가능하다는 사실을 수학으로 증명해 보였다.

물리적으로 불가능한 이론이라는 꼬리표가 붙자 베게너의 주장은 더욱 힘을 잃었다. 이에 그는 대륙의 움직임을 직접 측정하기로 마음먹었다. 베게너는 대륙이 움직이는 속도가 1년에 수 센티미터에 달할 것으로 추정했는데, 만약 대륙의 움직임을 측정할 수 있다면 대륙을 움직이는 물리적 동력이 무엇인지에 대한 논쟁 자체가 무의미해질 것이라고 생각했다.

1930년 베게너는 그린란드 빙상 탐사에 나섰다. 그의 목표는 그린란드 중앙부와 해안가의 두 지점에서 경도와 위도를 정밀하게 측정하고, 몇 년 후 다시 측정하여 두 지점 사이의 거리가 실제로 달라졌는지 확인하는 것이었다. 이는 대륙이동설을 입증하려는 그의 마지막 시도였다.

그러나 그린란드의 혹독한 기후는 그의 열정을 무너뜨렸다. 베게너는 영하 수십 도의 추위와 눈보라 속에서 보급품을 운반하다가 실종되었고, 이듬해 1931년 빙설 속에서 숨진 채 발견되었다. 이후 대륙이동설에 대한 주류 학계의 관심은 사실상 완전히 사라졌다.

베게너의 대륙이동설이 부활하는 데는 제2차 세계대전과 냉전이라는 시대적 상황, 그리고 새로운 과학 기술의 비약적 발전이 결정적 역할을 했다. 특히 전쟁을 계기로 발전한 해양 탐사 기술과 해저 지형 연구 장비는 수십 년간 닫혀 있었던 진실의 문을 여는 열쇠가 되었다.

베게너의 사망 후 30년이 지난 1960년대 초, 미국의 해양학자 **해리 헤스**와 **로버트 디츠**는 각자 독립적인 연구를 통해 중앙해령에서 새로운 해양지각이 생성되어 양쪽으로 퍼져 나간다는 **해저확장설**을 발표했다.

제2차 세계대전 당시 잠수함 탐지를 위해 개발된 고정밀 음파 탐지 기술 덕분에, 과학자들은 대서양 한가운데에 거대한 해저산맥인 **중앙해령**이 마치 뱀처럼 해저를 가로질러 이어져 있다는 사실을 확인했다.

해저확장설에 따르면 중앙해령 아래에서 솟아오른 맨틀이 녹아 마그마가 되고, 마그마가 해저로 분출해 굳으면서 새로운 해양지각이 생성된다. 이러한 과정이 끊임없이 반복되어 중앙해령에서 새로운 해양지각이 계속해서 생성되기 때문에 기존 해양지각은 양쪽으로 밀려 해저가 확장된다.

해저확장설은 베게너가 풀지 못한 '대륙이 실제로 어떻게 이동하는가?'라는 문제에 실마리를 제공했다. 해저가 양쪽으로 확장되면 해양지각뿐만 아니라 지각판 전체가 함께 이동하게 되고, 그 위에 놓인 대륙 역시 따라 움직인다는 설명이 가능해졌기 때문이다.

해저확장설이 가설에 머무르지 않고 실증적 근거를 갖추기 시작한 것은 **지구 자기장** 연구 덕분이었다. 해양지각이 생성되는 과정에서 중앙해령에서 분출된 마그마가 식어 굳을 때, 그 안에 포함된 철 성분 광물들은 나침반처럼 지구 자기장 방향에 따라 정렬된다. 따라서 이 광물들의 정렬 상태를 확인하면 지구 자기장의 과거 변화 패턴을 확인할 수 있다.

해양학자들은 중앙해령 해저면의 지구 자기장 패턴을 조사했는데, 마그마에서 유래한 철 성분 광물들의 정렬 방향이 중앙해령을 중심으로 마치 거울처럼 양쪽에서 대칭을 이루고 있다는 사실을 확인했다. 이러한 대칭 구조는 중앙해령에서 생성된 해양지각이 양쪽으로 퍼져 나가면서 생긴 것으로, 해저확장설을 입증하는 중요한 증거가 되었다.

지구 자기장 연구가 해저 확장의 방향성을 보여주었다면, 해저가 확장되는 속도를 규명한 것은 1968년에 시작된 국제 해양 연구 프로그램인 **심해시추계획**이었다. 이 국제 연구의 목표는 전 세계 해저를 고성능 시추선으로 뚫어 퇴적층에서 퇴적물과 암석을 채취하고, 그것의 연대를 측정하는 것이었다. 만약 해저확장설이 옳다면 중앙해령에서 멀어질수록 퇴적층의 나이도 증가해야 했다.

시추 연구 결과는 이러한 예측과 일치했다. 중앙해령 가까이에서 채취한 퇴적물과 암석은 연대가 수백만 년 이내로 비교적 젊었고, 경우에 따라서는 퇴적층이 거의 형성되지 않은 곳도 있었다. 반면, 해령에서 수천 킬로미터 떨어진 곳에서 채취한 퇴적물 등은 수억 년에 이르는 훨씬 오래된 연대를 보였다.

심해시추계획은 해저 확장이 실제 일어나는 현상임을 입증했을 뿐만 아니라 해저가 연간 수 센티미터의 속도로 퍼져 나간다는 사실을 정량적으로 확인할 수 있는 자료를 제공했다. 이러한 연구들이 축적되면서 대륙이 실제로 이동한다는 근거가 확립되었고, 이는 1960년대 후반 **판 구조론**의 정립으로 이어졌다.

판 구조론은 지구 표면이 단단한 몇 개의 **지각판**으로 구성되어 있으며, 이 지각판들이 맨틀 대류의 힘에 의해 끊임없이 움직인다는 내용을 골자로 한다. 판 구조론이 등장하자 그동안 미스터리로만 여겨졌던 수많은 지질학적 현상들이 하나의 통합된 논리로 설명되기 시작했다.

- 과거에는 지진과 화산이 무작위적인 자연 재앙으로 여겨졌다. 그러나 판 구조론에 따르면 지진은 판과 판이 부딪히거나, 또는 서로 갈라지거나 스쳐 지나가는 지점에서 집중적으로 발생한다. 화산은 이 가운데 판이 부딪히거나 갈라지는 곳에서 주로 나타난다. 특히 환태평양 조산대, 이른바 **불의 고리**에 지진이 몰리는 이유는 태평양판이 주변 판 아래로 밀려 들어가면서 지각이 흔들리고 불안정해지기 때문이다.

- 과거 지구수축설로는 설명하지 못했던 산맥의 기원, 예컨대 히말라야산맥의 융기는 인도판과 유라시아판의 충돌에 의해 형성된 것임이 밝혀졌다. 산맥은 지구의 열이 식으면서 생겨난 주름이 아니라 대륙 규모의 충돌이 남긴 흔적이었던 것이다.

판 구조론은 지질학, 지구물리학, 해양학, 고생물학 등을 하나로 묶어내는 지구과학의 통합 이론이 되었는데, 이는 과학 이론의 완성을 넘어 인류 문명에 지대하고 실용적인 영향을 미쳤다. 그 대표적 예로, 지질 자원 탐사에 혁명을 가져왔다는 점을 들 수 있다.

대륙이 과거에 어떻게 모여 있었는지를 알게 되면서, 특정 광물이나 석유가 매장된 지층이 과거에 어떤 환경에서 형성되었는지를 과학적으로 추적할 수 있게 되었다. 예컨대 아프리카 남부와 남아메리카 동부가 한때 붙어 있었다는 사실이 밝혀지자, 한쪽 대륙에서 발견된 광산의 정보를 바탕으로 다른 쪽 대륙에서 유사한 광물 자원을 탐사하는 전략이 가능해진 것이다.

그 외에도 자연재해의 예측과 대비가 가능해졌다. 판의 경계가 지진과 화산 활동이 일어나는 주요 지점이라는 사실이 밝혀지자, 인류는 이 재앙들을 맹목적으로 두려워하는 데 그치지 않고 과학적으로 위험 지역을 분류하고 예측하는 모델을 구축할 수 있게 되었다. 특히 지진 위험도를 평가하고 내진 설계 기준을 수립하는 등 현대 건축 기술의 진보는 판 구조론의 토대 위에서 이루어진 성과였다.

9장 빛은 물결처럼 움직인다

　18세기 유럽의 과학계를 지배한 통념 중 하나는 **빛의 입자설**이었다. 뉴턴은 1704년 출간한 『광학Opticks』에서 "빛은 작은 입자들로 이루어져 직선으로 운동한다"고 주장했다. 만유인력 법칙이 우주의 기본 원리로 받아들여지면서, 그의 명성은 빛에 대한 이론에도 막강한 권위를 부여했다.

　그에 앞서 1690년 네덜란드의 물리학자 **크리스티안 하위헌스**가 『빛에 관한 논고Traité de la Lumière』에서 빛을 파동으로 설명하는 이론을 제시했다. 하위헌스 역시 당대의 유럽 과학계를 대표한 인물로 꼽혔지만, 그의 **파동설**은 뉴턴의 그늘에

가려져 주류 이론으로 자리 잡지 못했다.

뉴턴은 빛의 직진성뿐만 아니라 반사와 굴절 현상이 일어나는 이유도 입자설에 기반해 설명했다. 그는 빛 입자가 공기, 물, 유리 등 매질의 경계면에 도달하면 매질의 인력 때문에 경로가 꺾여 굴절된다고 보았다. 또한 그는 빛 입자가 일정한 주기로 '반사되기 쉬운 상태'와 '투과되기 쉬운 상태'를 오간다고 보았는데, 빛 입자가 매질의 경계면에 닿을 때 반사 상태이면 튕겨 나가고 투과 상태이면 매질을 통과하며 굴절된다고 설명했다. 이러한 가설은 오늘날의 시각에서 보면 다소 모호하지만, 당시에는 여러 광학 현상을 입자설의 관점에서 일관되게 설명하는 이론으로 받아들여졌다.

1801년 영국의 의사이자 물리학자 **토머스 영**은 한 세기 동안 뉴턴이 지배해 온 빛의 세계에 도전장을 내밀었다. 영은 물결이 물을 통해 퍼지고 소리가 공기를 통해 전해지듯 "빛은 눈에 보이지 않는 매질인 에테르ether를 통해 퍼져 나가는 파동"이라고 주장했다. 그러나 당시 과학자들, 특히 영국의 뉴턴 학파 과학자들은 그의 주장을 터무니없는 것으로 여겼다.

만약 빛이 파동이라면 바닷물이 방파제의 모서리를 돌아

퍼지듯, 또는 소리가 벽을 돌아 뒤에서도 들리듯 빛도 장애물을 돌아 퍼져 나가야 한다. 예컨대 손으로 빛을 가리면 손 아래에 선명한 그림자가 생기는데, 만약 빛이 파동이라면 손 주변을 돌아 퍼져 나갈 것이므로 그림자의 경계가 흐릿해져야 한다. 당시 과학자들은 빛이 그런 성질을 전혀 보이지 않는다고 생각했기 때문에 파동설은 설득력을 갖기 어려웠다.

파동이 입자와 본질적으로 다른 점은 간섭 현상을 일으킨다는 것이다. 두 파동이 만났을 때 위상이 일치하면 진폭이 커지는 **보강 간섭**이 일어나고, 위상이 서로 어긋나면 진폭이 상쇄되는 **상쇄 간섭**이 일어난다. 이러한 현상은 입자들의 충돌로는 설명할 수 없는 파동의 고유 성질이다. 따라서 만약 빛이 파동이라면 간섭 현상이 반드시 관찰되어야 한다.

영은 빛이 파동이라는 사실을 입증하기 위해 **이중 슬릿 실험**을 고안했다. 그는 햇빛이 들어오는 창문에 작은 구멍을 뚫고, 그 빛이 다시 두 개의 좁은 슬릿을 통과하도록 했다. 슬릿 뒤에는 스크린을 설치했다.

뉴턴의 입자설에 따르면 직선 운동을 하는 빛 입자들은 두 개의 슬릿을 곧게 통과할 것이므로 스크린에 두 개의 밝은 선이 나타나야 했다. 그러나 실험 결과는 달랐다. 스크린에 밝은 선과 어두운 선이 번갈아 나타났는데, 이는 두 슬릿을 통과한 빛의 파동이 서로 간섭을 일으킨 결과로밖에 설명할 수 없었다. 두 파동이 만날 때 진폭이 합쳐진 곳은 밝은 선, 서로 상쇄된 곳은 어두운 선으로 나타난 것이다.

영은 1802년 이중 슬릿 실험 결과를 담은 논문 《빛과 색의 이론에 대하여On the Theory of Light and Colours》를 발표했다. 이듬해인 1803년에는 이중 슬릿 실험에서 빛의 간섭무늬가 생기는 원리를 수학적으로 분석해 파동설을 강력히 뒷받침한 논문 《물리광학에 관한 실험과 계산Experiments and Calculations Relative to Physical Optics》을 발표했다.

영의 이중 슬릿 실험은 오늘날 빛의 본질을 이해하는 데 대단히 중요한 실험으로 평가받지만, 뉴턴의 유령이 지배했던 당시 영국에서는 그의 파동설을 지지하는 과학자가 거의 없었다. 영국의 정치인이자 법률가 **헨리 브로엄**은 《에든버러 리뷰Edinburgh Review》에서 영의 주장을 "아무런 쓸모가 없는 공상적 가설이다"라며 비난을 퍼부었다. 뉴턴 주의자였던 브로엄은 당시 영국 사회에 상당한 영향력을 행사한 인물이었다.

그로부터 10여 년 후 프랑스 토목공학단 소속의 공학자 **오귀스탱 장 프레넬**이 빛의 파동설에 다시 불을 지폈다. 그는 토목 기술자였지만 광학에 매료되어 틈틈이 빛 연구에 몰두했다. 프레넬은 특히 영의 논문을 접한 뒤 깊은 영감을 받은 것으로 전해진다. 그는 빛이 직진만 하는 것이 아니라 파동처럼 장애물을 돌아 퍼질 수 있다는 사실을 수학적으로 규명하려 노력했다. 그 결과 빛의 반사·굴절·간섭·회절 등 다양한 광학 현상을 파동 이론으로 설명할 수 있는 수학적 모델을 완성했다.

1818년 프레넬은 프랑스 과학아카데미가 주최한 **빛의 회절** 논문 공모전에 자신의 파동 이론을 제출했다. 그는 빛의 파동이 서로 만날 때 어떤 지점에서 밝아지고(보강 간섭), 어떤 지점에서 어두워지는지(상쇄 간섭), 그 위치를 수학적으로 정확히 예측할 수 있음을 보여주었다. 또한 프레넬은 빛이 좁은 틈이나 장애물을 지날 때 생기는 회절의 형태를 수학 공식과 도표로 제시했고, 빛이 매질의 경계면에서 굴절하거나 반사되는 현상까지 수학적으로 설명해 냈다.

프레넬의 논문은 아카데미 심사위원단에서 가장 높은 평가를 받았고, 이는 빛의 파동설이 프랑스 과학계에서 정설로 자리 잡는 계기가 되었다. 그러나 파동설이 받아들여진 뒤에도 '빛이 **종파**인가, 아니면 **횡파**인가?'라는 의문은 한동안 풀리지 않은 채 남아 있었다. 이 난제를 해결한 인물 역시 프레넬이었다.

종파는 파동이 진행하는 방향과 진동하는 방향이 서로 평행한 파동이다. 용수철을 앞뒤로 밀었다가 당겼을 때 생기는 파동이나, 공기가 앞뒤로 압축·팽창하며 전달되는 소리가 대표적이다.

반면, 횡파는 파동의 진행 방향과 진동 방향이 서로 수직을 이룬다. 밧줄을 위아래로 흔들면 파동은 앞으로 나아가지만, 줄 자체는 위아래로 움직인다. 횡파는 진행 방향과 수직인 방향, 즉 위아래·좌우·대각선 등 어떠한 방향으로도 진동할 수 있다.

프레넬은 빛이 종파인지 횡파인지의 단서를 편광 현상에서 찾았다. 편광은 빛의 여러 진동 방향 중 하나만 남고 나머지가 제거되는 현상으로, 빛을 편광판에 통과시키면 빛의 세기가 약해지거나 특정 방향의 진동만 통과하게 된다.

만약 빛이 종파라면 진동 방향이 하나뿐이므로 편광판의 방향과 무관하게 모두 통과해야 하지만, 실제 실험에서는 특정 방향의 진동만 편광판을 통과하는 것이 관찰되었다. 프레넬은 이를 통해 빛이 횡파임을 밝혀낸 것이다.

횡파의 증명은 곧 새로운 역설을 낳았다. 당시 과학자들은 모든 파동이 반드시 매질을 통해서만 전달된다고 믿었다.

소리가 공기를 통해 퍼지고 물결이 물을 따라 전해지듯, 빛은 보이지 않는 가상의 매질인 에테르를 통해 퍼진다고 여겼다. 더 나아가 그들은 우주 전체가 에테르로 가득 차 있다고 믿었다. 그런데 빛이 횡파라는 사실이 밝혀지자 과학자들은 혼란에 빠졌다.

종파를 전달하는 매질은 공기나 물처럼 유연해도 문제가 없다. 종파는 앞뒤로 압축되고 팽창하는 진동만으로 퍼지며, 공기나 물 같은 유연한 매질도 종파의 압축·팽창 운동은 충분히 견딜 수 있기 때문이다.

반면, 횡파를 전달하려면 매질이 단단한 고체 성질을 지녀야 한다. 횡파는 매질을 위아래나 좌우로 흔들면서 퍼지는데, 이때 생기는 비틀리는 힘을 견딜 수 있는 것은 고체뿐이기 때문이다. 이러한 논리에 따르면 횡파인 빛이 퍼져 나가기 위해서는 그 매질인 에테르가 고체처럼 단단해야 한다. 그러나 이는 곧 모순에 부딪친다. 우주 전체가 단단한 에테르로 채워져 있다면 태양과 행성들이 자유롭게 운동할 수 없기 때문이다.

에테르 가설의 모순을 해결하는 데 결정적 실마리를 제공하여 물리학의 새로운 시대를 연 인물은 스코틀랜드의 물리학자 **제임스 클러크 맥스웰**이었다. 1860년대 맥스웰은 전기장과 자기장이 서로 독립된 것이 아니라 하나의 전자기장을 이룬다는 사실을 밝혀냈다. 이는 곧 빛의 본질을 설명하는 결정적 단서가 되었다.

맥스웰은 전기장의 변화가 자기장을 만들고, 자기장의 변화가 다시 전기장을 일으키며, 이렇게 얽힌 전자기장이 스스로 퍼져 나가는 파동이 곧 빛이라는 결론에 이르렀다. 그는 이 전자기파의 속도를 계산한 뒤, 그 값이 빛의 속도와 일치한다는 사실을 확인함으로써 이를 입증했다. 이로써 빛의 파동은 공기나 물 같은 매질을 타고 움직이는 것이 아니라 공간 자체를 통해 전파된다는 사실이 밝혀진 것이다.

그러나 당시 대부분의 과학자들은 파동이 전파되려면 매질이 필요하다는 생각을 버리지 못했다. 그들은 맥스웰이 말한 전자기파가 실제로는 보이지 않는 에테르를 통해 전달된다고 믿었다. 이에 따라 에테르가 실제로 존재하는지 확인하려는 실험이 이어졌다.

1887년 미국의 과학자 **앨버트 마이컬슨과 에드워드 몰리**는 에테르의 존재를 검증하기 위해 정밀한 간섭계 실험을 진행했다. 그들은 지구가 태양 주위를 공전하므로 지구의 움직임에 따라 **에테르 바람**이 불 것이라 가정했다. 만약 이 바람

이 실제로 존재한다면, 빛이 바람 방향으로 이동할 때와 반대 방향으로 이동할 때의 속도에 차이가 나타나야 한다고 보았다.

실험 결과 빛의 속도는 어느 방향으로 측정하든 동일했고, 간섭무늬의 이동 현상도 관찰되지 않았다. 이는 에테르가 존재하지 않거나, 존재하더라도 빛의 속도에는 아무런 영향을 주지 않는다는 뜻이었다. 이 실험은 19세기 물리학의 토대였던 에테르 가설의 종말을 알렸다.

토머스 영이 제시한 빛의 파동설은 맥스웰의 전자기 이론과 마이컬슨-몰리의 실험을 거치며 그 물리적 성격이 완성되었다. 그런데 그것이 끝은 아니었다.

20세기 초 **알베르트 아인슈타인**을 비롯한 여러 물리학자들이 빛은 파동일 뿐만 아니라 에너지를 지닌 입자처럼 행동한다는 사실을 밝혀냈다. 이로써 오랫동안 대립해 온 뉴턴의 입자설과 영의 파동설은 '빛은 파동이면서 동시에 입자'라는 개념으로 통합되었다. 이는 현대 물리학, 특히 양자 역학의 출발점이 되었고 인간이 우주의 본질을 탐구하는 새로운 길을 열었다.

# 4부 결국 옳았던 그들의 생애

윌리엄 하비 William Harvey 1578~1657

1578 영국 켄트주 포크스턴에서 출생

1593~1597 케임브리지 대학교에서 인문학·자연철학 등 기초 학문을 배움, 문학사 학위 취득(1597)

1599~1602 이탈리아로 유학, 파도바 대학교 의과대학에서 공부, 의학박사 학위 취득(1602)

1602 귀국 후 런던에서 진료 시작, 이 시기에 해부·생리 연구 병행

1607 왕립의사회 정회원으로 선출

1609 런던 세인트 바솔로뮤 병원에 의사로 임용, 진료와 함께 해부·생리 연구를 더욱 체계적으로 이어 감

1615 왕립의사회에서 해부학·외과 강사로 임명, 강의 준비를 하는 과정에서 심장과 혈액의 작용을 본격적으로 연구하기 시작

1618 영국 국왕 제임스 1세에 의해 궁정 의사로 임명

1628 『동물의 심장과 혈액의 운동에 관한 해부학적 연구 Exercitatio Anatomica de Motu Cordis et Sanguinis in Animalibus』 출간, 혈액 순환론 확립

1632 국왕 찰스 1세의 왕실 주치의로 임명

1651 『동물의 발생에 관한 연구 Exercitationes de Generatione Animalium』 출간, 동물의 발생 과정을 해부와 관찰에 기초해 설명한 저작으로 근대 발생학의 기초를 세운 것으로 평가됨

1657 런던 로햄프턴에서 사망

찰스 다윈 Charles Robert Darwin 1809~1882

1809 영국 슈루즈베리에서 출생

1825~1827 에든버러 대학교 의과대학에서 공부, 그러나 해부와 수술에 큰 거부감을 느껴 중도 포기

1828~1831 케임브리지 대학교 크라이스트 칼리지에서 공부, 성공회 성직자가 되려고 했으나 박물학(자연사)에 더 큰 관심을 가짐

1831~1836 해군 탐사선 비글호에 박물학자로 승선, 남아메리카·갈라파고스·오스트레일리아 등을 탐사하며 자연사 연구를 진행

1837 비글호 항해에서 돌아온 뒤, 종이 변화할 수 있다는 생각을 정리한 진화론 초기 노트를 작성

1837~1842 《칠레 해안에서 관찰된 지반 융기의 증거에 대하여 Observations of Proofs of Recent Elevation on the Coast of Chile》 등 지질학 논문을 다수 발표해 지질학자로서 명성을 얻음, 비글호 탐사 기록을 바탕으로 『비글호 항해기 Voyage of the Beagle』 출간(1839)

1842 자연선택의 핵심 개념을 정리한 소책자 분량의 진화론 초고를 작성

1842~1858 비둘기 교배, 식물·지렁이·꿀벌 등에 대한 관찰·실험·사육 등 다양한 연구를 진행하며 자연선택과 관련된 방대한 자료를 축적

1856 자연선택 이론을 확대한 진화론 원고 집필을 시작

1858 자연학자 **알프레드 러셀 월리스**가 자연선택 개념을 정리한 논문을 보내옴. 같은 해 다윈과 월리스의 자연선택 이론이 린네학회에서 공동 발표됨

1859 『종의 기원On the Origin of Species』 출간

1860~1880 연구 영역을 확대해 다양한 저작 활동을 함. 특히 『인간의 유래와 성 선택The Descent of Man, and Selection in Relation to Sex』(1871), 『인간과 동물의 감정 표현The Expression of the Emotions in Man and Animals』(1872) 등을 출간하며 진화론을 인간·행동 연구의 영역으로 확장

1881 마지막 저서 『지렁이의 활동에 의한 표토의 형성The Formation of Vegetable Mould Through the Action of Worms』 출간

1882 켄트주 다운에서 사망

그레고어 멘델 Gregor Johann Mendel 1822~1884

1822 오스트리아 제국 하인첸도르프(현 체코 힌치체)에서 출생

1834~1843 트로파우 김나지움에서 중등 교육을 받음, 이후 올무츠 철학원에서 라틴어·철학·수학·물리학 등 대학 예비 과정을 이수

1843 브륀의 성 토마스 수도원에 입회, 종교적 삶과 학문 연구가 결합된 수도원의 전통 속에서 수학·식물학·철학 등 공부를 지속

1844~1848 신학 과정을 밟으며 수도원 정원과 온실에서 다양한 식물의 성장과 변이를 관찰

1851~1853 수도원의 파견으로 빈 대학교에서 물리학·수학·식물학 등을 배움

1854 브륀으로 돌아와 수도원 소속 중등학교에서 자연과학 교사로 활동, 이 시기에 완두콩을 비롯한 식물 교배 연구를 본격 준비

1856~1863 완두콩을 이용한 교배 실험과 유전 연구를 진행

1865 브륀의 자연과학협회에서 완두콩 교배 실험과 자신이 발견한 유전 원리에 대해 발표

1866 완두콩 실험과 유전 원리를 정리한 논문 《식물 잡종에 관한 실험 Versuche über Pflanzen-Hybriden》을 자연과학협회지에 게재

1868 성 토마스 수도원의 원장으로 선출, 수도원 행정 업무 증가로 이후 과학 연구 활동은 사실상 중단

1884 브륀에서 사망

에드워드 제너 Edward Jenner 1749~1823

1749 영국 글로스터셔주 버클리에서 출생

1762~1768 지역 외과의사 **다니엘 루들로** 밑에서 외과·해부·병리·약물요법 등을 배우며 의술을 익힘, 당시 영국에서는 의과대학을 다니지 않고 견습과 병원 수련을 통해 외과의사가 될 수 있었는데, 제너는 이러한 실무 교육으로 의사가 됨

1770~1772 런던 세인트 조지 병원에서 외과의사 **존 헌터**에게 해부학·생리 실험 등을 배움, 헌터가 제너에게 "생각하지 말고 실험해 보라Don't think, try the experiment"는 조언을 한 것으로 전해짐

1773 버클리로 돌아와 의사 활동을 시작, 지역 주민을 진료하며 우두 감염을 겪은 사람들이 천연두에 걸리지 않는 사례를 장기간 관찰, 이 시기에 인두법의 위험성과 한계를 인식

1796 우두 병변에서 채취한 물질을 8세 소년 **제임스 핍스**에게 접종해 천연두 면역을 확인, 이후 여러 사람을 대상으로 실험하며 우두 접종의 효과를 실증.

1798 저서 『천연두 예방을 위한 우두의 원인과 효과에 대한 탐구 An Inquiry into the Causes and Effects of the Variolae Vaccinae』 출간

1800~1810 우두 접종법이 영국·유럽·아시아·아메리카 등 세계 전역으로 확산, 안전성·종교적 문제를 둘러싼 논쟁이 있었으나 왕립학회의 지지를 받음, 이 시기에 우두 접종 확산과 제도화를 위해 런던

등지를 오가며 공적 활동을 병행, 사비를 들여 우두 연구를 지속하며 지역 주민들에게 무상으로 우두를 접종, 영국 의회에서 공적을 인정받아 두 차례에 걸쳐 보조금을 받음

1811~1820 버클리에서 우두 접종소를 운영하며 천연두 예방 활동을 지속

1823 버클리에서 사망

이그나츠 제멜바이스 Ignaz Philipp Semmelweis 1818~1865

1818 오스트리아 제국 부다(현 헝가리 부다페스트)에서 출생

1835~1837 부다 대학교에서 법학을 배우다가 중도에 의학으로 전환

1837~1844 페슈트 대학교 의과대학에 입학, 이후 빈 대학교 의과대학으로 옮겨 의학 공부를 이어 감. 의학 박사 학위 취득(1844)

1846 빈 종합병원 산과 제1병동 조교의로 임용, 산욕열로 인한 산모들의 죽음에 의문을 품고 원인 분석에 착수

1847 동료 의사가 해부용 칼에 손을 베인 뒤, 산욕열과 같은 증상으로 사망하는 사건이 발생, 이를 계기로 산모의 감염 원인이 의사의 손에 묻은 부패 물질이라 판단하고 염화석회수 손 씻기를 의무화, 그 결과 산모 사망률이 급감

1848~1849 손 씻기 규칙을 병동 전체에 공식 적용, 통계 자료를 축적해 산욕열 예방 효과를 입증하려 노력, 그러나 동료 의사들과 병원 당국의 반발로 갈등이 심화

1849 빈 종합병원에서 재임용에 실패 후 귀향

1851~1861 페슈트 성 로크 병원에서 산과의사로 근무, 이 시기에 손 씻기 캠페인을 지속해 헝가리 전역에서 산욕열 사망률을 낮추는 데 기여

1861 저서 『산욕열의 원인, 개념과 예방Die Ätiologie, der Begriff und die

Prophylaxis des Kindbettfiebers』 출간, 이 책에서 공격적인 어조와 강경한 주장으로 의학계의 반발을 더욱 키움

1865 건강 악화와 정신 쇠약으로 빈 근교의 정신병원에 강제 입원, 입원 2주 만에 감염으로 사망

로빈 워런 John Robin Warren 1937~

1937 오스트레일리아 남호주 애들레이드에서 출생

1954~1961 애들레이드 대학교 의과대학에서 공부, 병리학과 미생물학에 관심을 가짐

1960년대 호주 남부와 서부의 여러 병원에서 병리의사로 근무하며 조직 진단과 위·장기 생검 판독 경험을 쌓음

1968 서호주 로열 퍼스 병원 병리과에 부임

1979 만성위염 환자의 위 점막에서 굽은 모양의 세균을 지속적으로 관찰

1981 내과 전공의 배리 마셜과 협력, 조직 관찰에 머물던 굽은 균에 대한 연구를 임상·미생물학적 검증으로 확장

1983~1984 위 점막의 염증과 세균 존재 사이의 일관된 병리학적 연관성을 발표, 임상 증거들이 축적되면서 위 질환의 병인에 관한 기존 이론에 근본적 의문을 제기

1985~1990 위 생검의 조직학적 특성과 염색 기법을 체계화, 헬리코박터 파일로리의 감염 병리를 정립하는 데 기여

1990~ 위염·위궤양 생검 판독과 조직학적 기준을 정비하는 데 관여하며, 헬리코박터 파일로리 연구의 표준화 과정에 기여

2005 헬리코박터 파일로리를 발견하고 위 질환의 감염병 모델을 확립한 공로를 인정받아 배리 마셜과 함께 노벨 생리의학상 수상

배리 마셜 Barry James Marshall 1951~

1951 오스트레일리아 서호주 캘굴리에서 출생

1968~1974 웨스턴오스트레일리아 대학교 의과대학에서 공부, 소화기 질환과 감염병 연구에 관심을 가짐

1975~1980 서호주 여러 병원에서 인턴·레지던트 과정을 거치며 내과 수련, 이 시기에 위염·위궤양 환자 진료 경험을 쌓음

1981 로열 퍼스 병원 내과 전공의로 근무하며 로빈 워런이 관찰한 굽은 모양의 세균에 주목, 위염·궤양 환자에서 동일한 세균이 높은 빈도로 나타난다는 점을 병리 소견과 대조하며 공동 연구를 시작

1982~1983 굽은균 배양 연구를 하며 병원체의 가능성을 제기

1984 세균 감염이 위염을 유발한다는 가설을 입증하기 위해 자가 인체 실험 실시

1985~1990 헬리코박터 파일로리 감염이 위염·위궤양의 주요 원인임을 임상 자료로 반복 입증, 항생제 치료가 궤양 재발을 극적으로 줄인다는 사실을 발표하며 국제적 관심을 확보

1990~ 전 세계 연구진과 협력하며 헬리코박터 파일로리의 감염 경로·면역 반응·병인 기전을 규명, 감염 중심의 위 질환 모델이 국제적으로 확립되는 데 기여

2005 로빈 워런과 함께 노벨 생리의학상 수상

니콜라우스 코페르니쿠스 Nicolaus Copernicus 1473~1543

1473 폴란드 왕국 토룬에서 출생

1491~1495 크라쿠프 대학교에서 수학·천문학·자연철학 등을 배움, 이 시기에 고대 천문학 전통과 관측 기법을 배우며 천문 연구의 기초를 마련

1496~1501 이탈리아로 유학. 볼로냐 대학교에서 수학·법학·자연철학·천문학 등을 배움, 이 시기에 천문학 교수 **도메니코 마리아 노바라**의 관측을 도우며 천문 실측 경험을 쌓음, 노바라는 프톨레마이오스 천문학의 오차와 한계를 지적하던 학자로 코페르니쿠스의 이후 천문 연구에 영향을 준 것으로 평가됨

1501~1503 파도바 대학교에서 의학과 자연철학을 배움, 페라라 대학교에서 교회법 박사 학위 취득(1503)

1503~1510 폴란드로 귀국한 뒤 프롬보르크 대성당의 성직자로 임명, 교회의 행정·재정 업무를 수행하는 한편 독자적 천문 관측을 병행

1510~1514 프롬보르크 대성당 건물에 관측 장비를 설치하고 태양·행성을 관측, 이 시기에 자신이 정립한 지동설의 개념을 요약한 책자를 작성해 동료 학자에게 제한적으로 배포

1515~1530 행성들의 실제 관측 결과를 기존 천문 체계와 비교하며 오차를 수정·보완하는 연구를 이어 감, 지동설의 체계를 정리하

고 이론적 틀을 확립해 나감

1530~1542 지동설에 관한 원고를 본격 집필

1543 『천구의 회전에 관하여De revolutionibus orbium coelestium』 출간, 출간 직후 프롬보르크에서 사망

알프레트 베게너 Alfred Lothar Wegener 1880~1930

1880 독일 베를린에서 출생

1899~1904 베를린 대학교에서 기상학·물리학·천문학·수학 등을 배움, 대기 관측 연구로 박사 학위 취득(1905)

1906~1908 덴마크 정부가 주도한 그린란드 과학 탐사에 기상학자로 참여, 극지 기상 관측과 빙상 지형 조사 경험을 축적

1909~1912 마르부르크 대학교에서 기상학을 강의, 대기 순환과 기압 분포에 관한 연구를 진행

1912 논문 《대륙의 기원Die Entstehung der Kontinente》을 발표하며 대륙 이동설 주장

1912~1913 두 번째 그린란드 탐사에 참여해 빙상 이동, 빙설 분포, 대기 관측 자료를 수집

1914~1918 제1차 세계대전 기간 독일군 기상 장교로 복무

1919 종전 후 함부르크의 독일 해상 관측소에서 기상 연구를 재개

1915~1920 『대륙과 해양의 기원Die Entstehung der Kontinente und Ozeane』 출간, 지질학·지구물리학·고기후학 자료를 통합해 대륙 이동설의 근거를 체계화

1920~1930 극지 대기·빙상·고기후 연구를 이어 감

1930 독일 그린란드 탐사대의 공동 대장으로 참여, 혹한기 보급 임무 중 조난되어 사망

토머스 영 Thomas Young 1773~1829

1773 영국 서머싯주 밀버튼에서 출생

1787~1792 정규 학교를 다니지 않고 수학·언어·자연철학·광학 등을 스스로 탐구하며 다방면의 재능을 보임

1792~1794 런던 세인트 바솔로뮤 병원에서 의학 수련하며 해부학·생리학 등을 배움, 왕립학회 회원으로 선출(1793)

1794~1796 에든버러 대학교 의과대학에서 의학·해부학·생리학을 배움, 이후 독일 괴팅겐 대학교로 옮겨 의학 박사 학위 취득(1796)

1797~1799 케임브리지 대학교 의과대학에서 의학 공부를 이어 감

1801 왕립학회 강연에서 논문 《빛과 색의 이론에 관하여On the Theory of Light and Colours》를 발표. 빛의 간섭 실험을 통해 파동설의 물리적 근거와 삼원색 이론을 제시, 이어 왕립학회 학술지에 논문 《물리광학에 관한 실험과 계산Experiments and Calculations Relative to Physical Optics》을 발표(1803)

1811 런던 세인트 조지 병원에서 내과 의사로 임용, 임상의로 활동하는 한편 광학·생리·의학 연구를 이어 감

1814~1819 이집트 고대 문자 연구에 참여

1818~1829 영국 항해청에서 역법·천문 계산 업무를 감독, 왕립학회 외무 서기로 활동하며 국제 과학 교류에 기여

1829년 런던에서 사망

참고 문헌

1장 Power, D'Arcy. *William Harvey*. London: T. Fisher Unwin, 1897. Harvey, William. *The Works of William Harvey, M.D.* Translated by Robert Willis. London: Sydenham Society, 1847.

2장 Bettany, G. T. *Life of Charles Darwin*. London: Walter Scott, 1887. Darwin, Charles. *On the Origin of Species by Means of Natural Selection*. London: John Murray, 1859.

3장 Bateson, William. *Mendel's Principles of Heredity: A Defence*. Cambridge: Cambridge University Press, 1902. Punnett, Reginald C. *Mendelism*. Cambridge: Macmillan and Bowes, 1905.

4장 Jenner, Edward. *An Inquiry into the Causes and Effects of the Variolae Vaccinae*. London: Sampson Low, 1798. Baron, John. *The Life of Edward Jenner, M.D.* London: Henry Colburn, 1838.

5장 Sinclair, William J. *Semmelweis, His Life and His Doctrine: A Chapter in the History of Medicine*. Manchester: Manchester University Press, 1909.

6장 Warren, J. Robin. "Nobel Lecture. Biography." NobelPrize.org. 2005. Marshall, Barry J. "Nobel Lecture. Biography." NobelPrize.org. 2005.

7장 Stimson, Dorothy. *The Gradual Acceptance of the Copernican Theory of the Universe*. New York: Columbia University Press, 1917. Knickerbocker, William S., ed. *Classics of Modern Science: Copernicus to Pasteur*. New York: Columbia University Press, 1940.

8장 Wegener, Alfred. *Die Entstehung der Kontinente und Ozeane*. 2nd ed. Braunschweig: Friedr. Vieweg & Sohn, 1920.

9장 Peacock, George. *Life of Thomas Young, M.D., F.R.S.* London: John Murray, 1855. Oldham, Frank. *Thomas Young, F.R.S.: Philosopher and Physician*. London: Edward Arnold & Co., 1933.

결국 옳았던 그들의 황당한 주장

초판 1쇄 발행: 2025년 12월 17일

지은이: 이경민
펴낸이: 고경호

기획·편집: 고경호
기획·마케팅: 박윤호
기획·디자인: 이상준

펴낸곳: 도서출판 닥터지킬
출판사신고번호: 제2023-000041호
전화: 010-9623-0327
이메일: dr.jekyll@kakao.com

- 이 책은 저작권법에 따라 보호받는 저작물이므로 무단 전재와 무단 복제를 금지하며, 책 내용의 전부 또는 일부를 이용하려면 반드시 저작권자와 도서출판 닥터지킬의 서면 동의를 받아야 합니다.
- 이 책은 KoPub2.0 서체와 국립박물관문화재단클래식 서체를 사용하였습니다.

ISBN 979-11-984443-7-0 03400